我
们
一
起
解
决
问
题

Turning Your Greatest Loss into
Your Biggest Lesson

WHEN GRIEF IS GOOD

悲伤即

[美]
辛迪·芬奇
Cindy Finch
著

李淼晞
译

苦痛 抑郁 绝望

成长

那些打不倒你的，
只会让你更强大

人民邮电出版社
北　京

图书在版编目（CIP）数据

悲伤即成长：那些打不倒你的，只会让你更强大 /（美）辛迪·芬奇（Cindy Finch）著；李淼晞译. -- 北京：人民邮电出版社，2022.11（2023.9重印）
ISBN 978-7-115-59856-1

Ⅰ. ①悲… Ⅱ. ①辛… ②李… Ⅲ. ①人生哲学—通俗读物 Ⅳ. ①B821-49

中国版本图书馆CIP数据核字(2022)第172976号

内 容 提 要

悲伤可以有很多种形态。它可能是失去工作或与伴侣离婚，可能是一种创伤或绝症，可能是亲人的死亡或威胁我们所爱生活的某种癌症，也可能是取消的计划、错失的良机和永远改变的生活。在所有形式中，悲伤是生活没有按计划进行时，我们所接收到的信号。但在失落的深处，希望会浮出水面。我们有机会在创伤后成长——如果我们选择抓住它，机会就在等着我们。

本书向读者展示了当生活轨迹被改变时，如何重新发现人生意义、目标与幸福。作者在忍受了自己难以想象的丧失过后，意识到自己永远也无法选择自己的生活环境，但也永远不想改变它们。她所历经的苦痛带来了成长、清晰的思考和方向。现在，她也希望帮助他人摆脱考验和磨难，并选择通过苦难获得成长。本书充满了鼓舞人心的故事，为读者提供了一个新的视角来看待痛苦，并揭示了丧失的意义和悲伤的力量。

◆ 著　[美]辛迪·芬奇（Cindy Finch）
　　译　李淼晞
　　责任编辑　姜　珊
　　责任印制　彭志环

◆ 人民邮电出版社出版发行　　北京市丰台区成寿寺路11号
　　邮编 100164　　电子邮件 315@ptpress.com.cn
　　网址 https://www.ptpress.com.cn
　　涿州市般润文化传播有限公司印刷

◆ 开本：880×1230　1/32
　　印张：9.25　　　　　　　　　　2022年11月第1版
　　字数：160千字　　　　　　　　2023年9月河北第3次印刷
　　著作权合同登记号　图字：01-2022-1445号

定　价：59.80元
读者服务热线：（010）81055656　印装质量热线：（010）81055316
反盗版热线：（010）81055315
广告经营许可证：京东市监广登字20170147号

各方赞誉

"悲伤多来自丧失，本书作者就经历了许多失去甚至创伤。然而她以大无畏的勇气与智慧从心理治疗中获益，之后也成为了帮助他人的心理治疗师。丧失会使人成长，这既是作者自身的经验也是本书的精髓。悲伤会创生出新的意义，中国有个词叫'舍得'，生活中有太多的不舍与失去，'舍'后，'得'才能发生！"

——贾晓明
北京理工大学人文与社会科学学院教授

"辛迪·芬奇说，走出悲伤泥沼的方法，是与悲伤对话。一个在生命中不断承受巨大丧失的人，让自己重新感受悲伤、谈论悲伤，就是重生的过程——人生绝无可能重来，但是人可以写出新的人生剧本，并借此走向充满希望的未来。辛迪·芬奇的心灵历程，充满了驱散阴霾的光辉和震撼人心的力量。"

——刘丹

北京大学心理学系临床心理学博士

原清华大学学生心理发展指导中心副主任

"本书作者以 DBT 和悲伤治疗为理论基础，以亲身经历和咨询实践为行文脉络，带领我们踏上了一场名为穿越悲伤的成长之旅。书中列举了 20 余种新颖的方法来帮助你直面和处理生活中各种形态的悲伤。你会发现，当你走过所有悲伤的历程，竭尽全力地面对这一切后，你内在的转化就会发生。"

——王建平

北京师范大学心理学部教授　博士生导师

"本书作者用亲身经历和临床工作的经验又一次证实了，创伤疗愈的有效路径就是一小步、一小步地接近创伤体验，耐心地对话和处理悲伤，最终坚强地走出悲伤。惟其如此，方能经历踏实的疗愈，获得稳定且可靠的成长。正如作者所说，创伤是发展的机遇，悲伤是成长的道路。"

——訾非

中国心理学会注册督导师

"辛迪·芬奇带来的这本书邀请读者从一个新的视角来看待悲伤。虽然处理悲伤的过程因人而异，但它却会给人类的关系和健康带来共同的影响。在本书中，辛迪的助人之心、专业智慧和使命感跃然纸上。她穿过外界的纷纷扰扰，在理解悲伤这件事情上，发出了既贴近现实又抚慰人心的声音。这是一本具有开创意义的书籍，而且是每一个希望理解和超越悲伤的人的必读书。"

——洛丽 - 琼·格拉斯（Lori-Jean Glass）

作家 "Pivot"和"The Glass House"的创始人

"辛迪·芬奇睿智的观点和智慧源于她的人生经历：治愈童年创伤的过程和与癌症搏斗的苦旅。如果你在创伤中幸存了下来，并且你不希望你的关系被这些痛苦摧毁，想要把这些痛苦转化为力量，那么你必须读读这本书。"

——克里斯托弗·L.克里格（Christopher L. Kreeger） 律师

"邀请辛迪·芬奇走进你的视线吧，这个选择会让你受益无穷。她的文字将是你一直在寻找的根基，也将是你需要回归时的安全港湾。她将在你跌入谷底时伴你左右，也将在你准备好爬出谷底时助你一臂之力。"

——凯拉·雷迪哥（Kayla Redig）

纪录片《征服》（Vincible）的制片人

"辛迪·芬奇从其临床经验出发，提出的这个重要的渡过悲伤的路径真实可信、实用而又富有洞见。这是一本每一个正在经历悲伤的人必读的书。"

——布伦特·穆斯（Brent Moos）
临床社工　临终关怀社工

"历经了离婚、癌症、一系列重大丧失和心碎，辛迪·芬奇一度追问、哭泣、质疑，而最终她的内心升起了力量，找到了美好与喜悦，抵达了成长的彼岸。如果你也渴望超越你的苦痛，并找寻其中的意义，请翻开这本书。"

——凯莉·卡尔（Kelly Karr）
注册护士　工商管理硕士

"纵然人生无法事事如意，本书将帮助你走过丧失的旅程，并在这段苦旅中学着如何成长为一位勇敢的探索者，而非一位无助的过客。"

——凯伦·劳勒（Karen Lawler）　教授

"辛迪·芬奇带给我们的礼物是：学习如何渡过悲伤，并最终抵达更健康、更有内在力量的彼岸。很少有书能够真正帮助我们度过一段悲伤的日子，这是其中一本！很高兴辛迪把她的专业和智慧带给全世界！每一个在悲伤和丧失里挣扎的人都必须读一读这本书。"

——珍妮弗·普利斯科（Jennifer Plisko）

临床社工　心理治疗师

"作为一名富有经验的心理治疗师和教练，辛迪·芬奇拥有独自面对癌症和致命性疾病的经历，她看待悲伤的视角很独特——经历了创伤和丧失之后，你会拥有更为丰满的人生，治愈和希望定会随之而来。这是一本在你的人生经历丧失之后的重要读物。"

——桑德拉·斯库勒（Sandra Schooler）　行政领导

"在人生的旅程中，被丧失压得喘不过气来，对今后如何前进感到困惑的现象并不少见。本书美好而实用，辛迪·芬奇公开分享了她关于丧失和悲伤的深刻见解，提供了实用性的指导，指引读者去体验自身的治愈之旅。在阅读这本书时，你将会感受到被理解，并被注入力量。"

——凯茜·珀迪（Kathy Purdy）

婚姻与家庭治疗师　家庭治疗师

"本书作者把她真实的人生经历著写成书。她让你知道在悲伤中你并不孤独。她的写作源于她的真心和发愿，她告诉每一个正在经历人生悲伤和痛苦的人希望仍在，当走过这段旅程后，你依然有可能获得快乐。她把爱和欢笑带给此刻正在经历考验的你。"

——金·帕特森（Kim Patterson）　医务联合工作人员

献给我的"四个最爱"，

达林、乔丹、扎克和布兰登。

我因你们而欢喜，我永远爱你们。

目　录

悲伤的五大阶段理论认为，当面对不可避免的丧失时，人们会经历五个阶段：否认、愤怒、讨价还价、抑郁、接受。"否认"是悲伤之路开启的标志，它把大多数令人痛苦的信息和感受都埋藏在无声的潜意识中。

第 2 章　悲伤反应清单 · 39

当我们失去在乎的某人或某事时，我们的身体和心灵会透过各种方式向我们发出信号。有些人会感到自己正在下沉或感觉胸口有一个洞，有些人会变得全然麻木和退缩，还有些人会变得易被激怒和暴力。

第 3 章　自我爱护 · 65

当我们开始看见自己原本的价值，并开始觉察到自身的痛苦时，我们便会成为我们情绪反应和行为模式的打破者及问题的解决者。我们的人生也将因此而改变。这即是自我爱护的魔力之所在。

第 4 章　失去与获得

我们中的大多数人都想回避那些毁灭我们的东西。这是可以理解的。但是，假如我们也需要它们，又会怎样呢？

第5章　期待重置

　　每个人都有一套自己的信念系统，它决定了我们如何看待自己、如何看待他人，以及如何看待世界。然而，当遭受重创时，我们对自己和他人的信念往往会被颠覆，失去对生活的天真。

第6章　在生命中学习

　　向生命学习的意思就是，你经历的丧失所教给你的东西，会凝结成一块块闪闪发亮的"金子"，这些宝贵的"金子"将告诉你如何从丧失中创生意义。

"致亲爱的"信是一个工具，让你能把自己的感受和体验转化为文字，让那些真实的、围绕着悲伤还没能说出口的话找到出口，并被一一表达。

当你开始认识到丧失所带来的收获、领悟和新生活时，请把这些部分都收集并记录下来，因为其中有很多信息正等着你去接收。

第9章　在丧失后心怀敬畏地生活　·243

当我们走过所有悲伤的历程，竭尽全力地面对这一切后，我们内在的转化就会发生。如果你能有意识地汲取丧失带给你的养分，那么悲伤也可以成为一件好事。

写在前面

　　当我们讨论悲伤与丧失时，作为一名心理治疗师和一个经历过悲伤的人，我感觉如果把关于个人信仰和心灵的议题排除在外几乎是不可能的。悲伤与信仰对于每一个读者来说，是那么个人化又如此复杂。毫无疑问，当我们的世界被丧失、创伤，抑或突如其来的事件改写时，我们几乎都会自动地对我们心中的信念系统发出质问和疑惑，或是愤怒和敌意。

　　每当大难临头时，总有人会质疑上天，认为本该忠于职守、尽在掌控的某人或某事却在不管不顾地"睡大觉"。在奋力挣扎的苦旅中，即使是公认的无神论者、不可知论者或最虔诚的信徒都会对关于信仰的问题斟酌再三。在历经丧失和破碎（以各种不同的形式）的人们的心灵世界中，他们在追寻和把握着某些东西。在这本书里，当你读到涉及"信仰"一词时，我希望你以自己的理解方式为它赋予意义。在人生的道路上，尤其是在经历悲伤之时，每个人所处的位置不同，感受也大不一样。

当然，这本书并不是要和你讨论是否存在神灵，本书旨在帮助你思考和理解在这个世界上我们生而为人的目的。然而，当我们思考目的时，我们往往也需要求索意义。人生的意义是什么？我们为何而存在？我们从哪里来？我们要去向何方？由此，心灵的世界理所当然地成为我们讨论的一部分。

我所知道的悲伤

　　31 岁那年，怀有身孕的我被确诊罹患癌症。在之后的几年中，我经历了心脏、肝脏和肺部的衰竭，连我的医生们也搞不清楚为什么。与此同时，疾病引发了我多个器官的继发性衰竭，而我也因此一度丧失了很多生理功能。为了重建我罹患癌症后的健康，我不停地在多家医院进进出出。雪上加霜的是，在康复过程中，某位医生的一次医疗失误直接危及了我的生命，也让我的整个家庭的困境变得愈加复杂。那位医生表示，这是个意外；但这个意外毁了我的康复——他们用救护车再次把我从病房带走，并推进了另一个重症监护室。之后的我又一次经历了一连串复杂繁多的创伤体验，只有失去过健康的人才能体会个中滋味。

　　最终，我在梅奥医学中心（Mayo Clinic）获得了帮助。为了挽救我的生命，那里的医生们分别给我做了心脏和肺部手术。手术完成后，为了离梅奥的康复中心更近一些，我们全家从内华达州搬迁到了明尼苏达州。我的丈夫不得不辞去他原先的工作，我们的三个孩子也被迫转到新的学校上学，离开了他们的祖父母和伙伴们。当时我和丈夫都是 30 多岁，我们都还很年轻，被接踵而来的打击伤得措手不及。

在这一系列事件发生后，我们很需要一些帮助来让我们的生活重回正轨并向前发展。于是，等我们安顿好了以后，我和我的丈夫达林（Darin）就开始了两周一次的伴侣治疗。我们与一位当地的心理治疗师盖瑞进行了初次会谈。在生活的泥潭里挣扎已久、疲惫不堪的我们，"一瘸一拐"地走进了他的办公室。我们与他分享了过去发生的一切，坐在我们对面的盖瑞也开始哭了起来。

生活予以的痛击，让我们不再有能力独自应对。当一个能够看见和理解我们所承受的前所未有的压力的人出现时，我们的"伤口"渐渐开始愈合。在这条康复之路上，盖瑞一直陪伴着我们——他的专业技术和所受的训练，挽救了我们的婚姻，治愈了我们的心灵，修复了我们摇摇欲坠的信仰，同时也让我们找到了如何帮助我们的孩子们的方向。

然后，我顺着这条路走了下去，治愈了我许多的童年创伤。而且，在我涵容自己的丧失和悲伤时，我找到了我人生使命的最重要一环：成为一名心理治疗师。那个时候，我并不完全明白当我们经历重大的丧失时，悲伤是一种很自然的反应。事实上，没有人想要走进丧失带来的像带刺的铁丝网密布的道路。我很清楚，当时的我也不想。悲伤几乎总是与抑郁和悲痛同义。于是我们会竭尽所能地缩短体验悲伤的时间。"买单，谢谢！""给我点别的东西吧，务必让我摆脱悲伤！"而这就是我们的普遍做法——回避悲伤。

我们倾向于这样处理我们生活中的丧失：感受到一开始的重击之后，马上开溜，因为那实在太痛了。我们愿意做任何事情，只为了不让自己待在这些沉重的感觉中太久。我们想要前进，翻过这一页，重新回到工作中，再次感觉正常，或者干脆变得麻木。我们不想感受到有重量的情绪。为了止住悲伤带给我们的疼痛，我们会做更多工作，看更多电影，更多地健身、进食、喝酒，看更多的新闻或电视节目，所有这些都是要回避我们失去了一些东西这一事实。但是事实总有其现身的办法，被关闭在我们内心的感受总会找到出口。通常，它们会顺着"旁边的小路"滑出来——通过**情绪泄露**（Emotional leakage）的方式发作——例如，突然的情绪爆发、成瘾、暴力、自杀冲动、心理健康问题、暴怒或者疾病。我们很多人都缺乏一种有效的方法来应对和处理丧失，走出悲伤的泥沼。

精神病学家伊丽莎白·库伯勒-罗斯（Elisabeth Kübler-Ross）博士在她 1969 年的著作《下一站，天堂》（*On Death and Dying*）中介绍了"悲伤的五大阶段"——**否认**（Denial）、**愤怒**（Anger）、**讨价还价**（Bargaining）、**抑郁**（Depression）、**接受**（Acceptance）。这五个阶段为我们不同的情绪状态命名，但并不能帮助我们从这些情绪中走出来，也没有告诉我们可以如何处理和消化我们的痛苦。它们只告诉了我们，悲伤有不同的存在形式。当生活被掏空瓦解时，没有人会在意形式或阶段。而当悲伤被回避，抑或被搁置不管时，它可能会制造出各样各种的问题——我们内在的悲伤不仅会让我们渐渐衰弱，还会引发如下情绪和状态（包括但不限于）：羞愧感、丧失感、犯错、停工、无法专注，等等。到了这个时候，悲伤就发展成了"恶性"的悲伤。如果还不加以重视，我们将会被困在里面，直至崩溃。

有意识地感受悲伤

在这里，我要特别强调，应该把处理自己的丧失看作一件很自然的事情，甚至在日常生活中，应该有意识地做那些为自己卸载悲伤情绪的练习。这就好像有一个像安全阀一样的东西，让悲伤的情绪找到一个地方，从那里经过并被排出去。

我把这称为"卸载**微型悲伤**（Micro-grieving）的递进式过程"。这一过程可以阻止悲伤被堆积得越来越多，所以它不会像上文提到的情绪泄露那样以其他形式出现。简而言之，如果我们能有意识地去感受悲伤，每次一点点，用平常心看待它，与它共存，我们就会生活得更好。

我用来应对过度的悲伤和回避悲伤的方法很有突破性，简单但也有力——这是一个以邀请为基础的方法，叫作**感觉更好一点框架**（Feel better framework）。这个方法不像我们已知的"悲伤的五大阶段"那样去解释悲伤的不同阶段，而是让人们看到，通过一系列微小而具体的活动与刻意练习，人们可以逐渐走出悲伤和丧失的阴霾。我会解释如何花一小块、一小块的时间来做一些事情，它们可以有效地帮助我们扛起丧失带来的重量，了解我们内心的疼痛，并让我们回到有价值和有意义的生活中。这个方法可以让经历不同程度丧失的人有效地、一次一小步地走出悲伤，而不是任其堆积，直至我们被耗损，并出现其他问题。

如今，我们比以往任何时候都更需要一个能与当今讲求效率的价值观相契合的方式来思考悲伤和丧失。即便悲伤本身或许并不是一个有效率的过程，我们依然可以有效地处理它。

当我们走过了所有悲伤的道路，学完了它教给我们的所有功课时，它真的可以对我们非常有益。

如果我们能好好地对待和处理我们的丧失，它便可以成为"良性"的悲伤。很多抵达悲伤彼岸的人所经历的释怀和头脑清明会给他们带来以下益处——帮助他们深化自身价值，为生活做出必要改变，提升睡眠质量，激发工作动力，活得更有意义，发展出对生活的感恩之心与跟生活连接的感知，等等。还有些人体验到了专注力与洞察力的提升，有能力梳理和辨认生命中对他最重要的东西，被照亮了心灵之路，性格和关系得到改善，甚至获得了生命意义的启示。在我的研究领域，我们把这一系列改变称为**创伤后成长**（Post-traumatic growth）。

一种最原始的爱

与我们其他更沉重的情感状态——如害怕、愤怒或羞耻——相比，悲伤并不那么清晰，也不那么容易被发现。一直以来，我们都认为悲伤是当你失去某个在你的生命中很重要的人或事之后，所经历的情绪和情感状态。而哭泣是丧失的终点。这没有错，但这并不是故事的全貌。

悲伤可以是，也可以被感觉为很多东西。梅根·迪瓦恩（Megan Devine）在她的著作《拥抱悲伤》（*It's OK That You're Not OK*）中把悲伤称作一种**最原始的爱**（The wildest form of love）。作为一名执业临床社工，我在与悲伤工作的经历中发现：当人们经历悲伤时，有些人可能会感觉他们自己是麻木的机器人，只是没有感觉地过日子；另一些人却感觉他们的丧失就像在整个家庭范围内投下的一颗炸弹，四周弹片横飞。还有一些人说，即使悲伤没那么有爆炸性，他们仍感觉内心被挖了一个黑暗的空洞，没有了坚实的内核，他们变成了"甜甜圈"人——在经历丧失之前的生机与活力之处，如今只剩空洞与裂缝。还有一些人说，经历丧失后，他们的灵魂始终生活在黑夜里，任凭昼夜与四季交替轮转。

还有一些人，包括我在内，可以证明这所有的体验都是真的，而且还可能更多。许多走过悲伤"沼泽地"的人告诉我，在感到怒不可遏和绝望至极之后，他们往往会拥有一段顿悟和充满希望的时光。就好像失去本身就是来清洗我们、振奋我们的，它让我们更加专注，并把我们送向更远的地方。丧失给我们带来了内心的释怀，带来了头脑的清明。在丧失的体验中越多地一点点清洗和净化自己，最终我们越会感到释然，越能明确自己的方向。

我们从没有像此时此刻这样需要一个系统性的方式来对待悲伤。本书恰恰是这样一本书。它将引领你度过艰难的时光，教导你如何用重大的丧失，作为你走向人生下一步的跳板。

我所知道的悲伤

我做了 25 年社工，而我以心理治疗师的身份帮助人们渡过悲伤也已经超过 10 年了。早在梅奥医学中心的临床社会工作部门接受训练和完成硕士学位的时候，我就格外关注以下议题：如何养育青少年和青年人、创伤后成长、辩证行为疗法（DBT）、复杂型高需求的家庭干预、意外死亡导致的创伤性丧失和悲伤辅导，以及对改变人生的重大疾病的应对处理。现在，我是一名临床辩证行为疗法的家庭治疗师和教练。

当人们遭遇失业、离婚、成为新手妈妈，或是经历丧子之痛时，我曾数千个小时地坐在他们的身边陪伴他们、帮助他们、滋养他们。在医院里，在我的办公室里和他们的家中，我都见过因失去亲人而被悲伤笼罩的家庭。在我作为一名在加利福尼亚州执业的心理治疗师、教授和领导力教练的职业生涯中，我把一些具体的工具和智慧传递出去，以帮助陷入困境的人们，希望他们能够找到出路，并在迈向人生的下一阶段时满怀希望。

从 2013 年开始，我为美国各大网站以及《洛杉矶时报》（*LA Times*）、圣安东尼出版社（St. Anthony's Press）、《哈芬登邮报》（*HuffPost*）、《应对杂志》（*Coping Magazine*）、《追寻治愈》（*Chasing the Cure*），以及《罗彻斯特女性杂志》（*Rochester Women's Magazine*）等媒体撰稿。

从早期跟盖瑞一起工作开始，我就一直在积极地投身于个人探索与成长。因为我相信唯有亲自走过那些地方，我才有可能带领我的来访者前往。我渐渐学习到的事情是：我生命中的每一次获得，都源自某种程度的失去。让我自己也大吃一惊的是，我发现悲伤有可能是对我们有益的。只要你允许，悲伤将改变你的生活——是让你瘫痪还是让你蜕变，取决于你。

当你即将读完这本书时，我希望悲伤不再带给你如此多的遗憾。我希望你发现，回避悲伤或被困在悲伤里都不是答案。最重要的是，我希望你看到，你来到这个世界上时是带着使命的。接下来，我们将开始第 1 章的旅程，来清楚地认识悲伤。悲伤将是你遇到过的最棒的"大师"。它可以让你拥有美满的事业和关系，以及梦想的生活。只要你允许，悲伤将改写你的人生，让你获得更美好的生命。

第 1 章　滑坡谬误：回避悲伤

"悲伤是个大工程，但回避悲伤是一个更大的工程。"

—— 戴维·凯斯勒

David Kessler

在我们刚开始和盖瑞一起工作的一小节咨询里，我对我们一同经历过的某个创伤阶段进行了反思。我的丈夫达林坐在我旁边，我述说着在患病过程中，尤其是我没有被正确诊断之前的那段时间里，我感到多么迷茫和孤独。当轮到达林说话时，他回顾了他在那时候陪伴我的经历，然后说："好吧，说实话，就是从那时开始，我不再爱你了。"

听到他说这话时，我整个人都呆住了。"等等，什么？你不再爱我了？"他继续解释道，那时候我们的生活中有太多的事情变得越来越糟，让他感觉很窒息。他唯一能够做的就是坚持做一个尽职的丈夫应做的一切：养家糊口、开车接送我赴诊所、照料我们的孩子，以及支付医疗账单；但是他无法做到跟一个有着像污水口般生活的人保持情感的连接。出于自我保护，他不得不在情绪和情感上跟我保持距离。而我也感受到了这一点。经过数月，我们渐渐走出了困境，但是我们再也无法拥有过去彼此都很享受的情感、心灵和身体的连接。我们之间好像筑起了一道高墙。为了不再受伤，他躲了起来，而我并不能因此而责怪他。

我从未经历过他所经历的、如此缓慢而又痛苦的、几乎要失去伴侣的煎熬。"辛迪，你的生命危在旦夕，但你是我的人生挚爱，"他说道，"我怎么可能做到一边紧贴着你，眼睁睁地看着你受苦，一边又准备好即将要失去你呢？"这的确是不可能的。

我坐在那里，听到我的丈夫，这个世界上我最深爱的人的话语，感到无比震惊。这些年来，这个男人给予了我如此多的关爱，他是那么爱我们的孩子，事无巨细，照顾他们的饮食起居；他却说他失去了对我所有的爱。我对此是有感觉的，但是从他的口中听到的那一刻，我还是感觉我的灵魂被刺痛了。我无言以对，也无法理解。我不明白一个像他那样深爱我的人，怎么能够在我最需要他的时候，可以离我那么遥远。他的坦白让我目瞪口呆。真的吗？他不再爱我了？

疾病对我有着截然相反的作用。当罹患绝症的时候，我前所未有地对我周围的人有了更多的爱和不舍。在那段我患病的日子里，我感到比以往任何时候都更爱达林。他的感觉怎么会跟我的相差那么大呢？

在咨询室听完他的陈述，我沉默了。一阵怒火正从我的心底深处熊熊燃起，我的愤怒快要喷出来了，就像一根被灌满水的水管，我的思绪奔涌着，伴着我脑海中谴责他的声音几乎要燃烧起来。我太恼火了。"谁会停止继续爱一个病得快要死了的人呢？这是一件多么冷漠伤人的事啊！"

盖瑞认真地观察着这一切，我看着达林，冷冷地问："好啊，那你又开始继续爱我了吗，还是就这样了？很显然，我对你来说是个那么大的包袱，所以现在我们是要结束了吗？我们一起渡过了难关，现在你要离开了？"

在这之前，我们不了解苦难会给一段婚姻造成什么样的伤害。我们没有意识到，病重的伴侣带给像达林这样的照顾者的影响是什么。每一次治疗、手术或者濒临死亡，每一个让我衰弱的情况，都在影响着我也影响着他。我们的不同在于，医生们会给我开药，家人、朋友们会给我打气，当情况变得很棘手时，护士们会握着我的手。然而，留给像达林一样的照顾者的只有医院的账单，无尽的不确定性，更多的创伤性的消息，以及更多的痛苦。没有直接的支持，只有在每一个回合的惊慌、沮丧和失去。他当然会退缩！我们当中真的有谁能够做到，忍受生活被全面进攻而绝不闪避的吗？

你看，如果没有他人的帮助，在痊愈的路上带领我们、涵容我们，我们根本没有办法走出悲伤。这不仅关系到我们个人的幸福和健康，也关系到我们婚姻的存亡。一旦我们的婚姻崩溃了，我们的孩子们也会崩溃。他们有一个受慢性健康危机困扰的母亲。在过去的几年中，他们在这样的压力中挣扎，经历了跨州搬家，适应新的学校，以及睡眠和行为问题。作为一个家庭，我们已经遍体鳞伤……而现在，达林还跟我谈这个！

他停下来看着我，然后说道："我还在努力。这就是为什么我还坐在这里。我不想放弃我们。"

作为夫妻，在这条疗愈之路上，他的这句话，把我们送向了无比丰盈、珍贵的一站。最初，我们像末世的幸存者那样走进了咨询室，拼命爬出生活的沙坑，在被摧毁的废墟上环视四周，晕晕沉沉地左右徘徊。面对我们失去的东西，我们不知道下一步要怎么做，或者我们的方向究竟在哪。但是盖瑞知道。他成了我们的灵魂在黑夜的领路人。

我们哪里知道，当时我和他经历了一连串对丧失的反应。现在我们把它们称为**悲伤反应**（Grief response）。

回避"潜水艇"：否认

你知道吗，最初"悲伤的五大阶段"是为了解释当濒临死亡时，我们会有什么样的体验，它的本意并不是要解释当人还好好地活着时会有什么样的体验。但是，"悲伤的五大阶段"的确说出了一些真相，这些真相不仅适用于我们自身面临的死亡，也适用于生命中各种形式的丧失。

在引言部分，我提到了伊丽莎白·库伯勒-罗斯博士1969年的著作《下一站，天堂》。在书中，她解释道，当濒临死亡时，人们首先体验到的是对其现状的"否认"——人们感到震惊并否认事实："这不可能发生在我身上。""否认"往往是悲伤之路开启的一个标志，也是一种暂时的心理状态，但在一开始很多人难以将其识别出来。我怎么可能一边感到悲伤，一边又在否认悲伤呢？其实"否认"是一剂猛药，它能够让我们大抵安全、理智地在这个世界上继续活下去。如果我们活在一个完全没有"否认"的生活中，我们可能很难凭借自己的力量迈出家门，坐上汽车驾驶座，再把车开上高速公路去工作。如果我们每天都要对赤裸裸的现实中的各种犯罪、意外、突发疾病进行一番思考，那么我们只会蜷缩在角落里无法动弹，不再愿意承受生活中的任何风险。因此，我们的大脑帮了我们一个忙——为我们在那些灼热伤人的事实面前竖立起一个坚固的盾牌，把大多数我们看到的和经历的信息与感受都深深地埋藏在无声的**潜意识**（Subconscious）中。这个词的前缀"潜"是"在表面之下"的意思，正如在水面之下的潜水艇，我们的潜意识始终让我们的脆弱深藏于意识的表面之下。这让我们一方面既能够感受到足够的恐惧，以便在灾难面前系好"安全带"，制订应对计划，另一方面又不会使我们因为感受到过度的恐惧而每天躲在"壳"里瑟瑟发抖。如果没有了"否认"的外衣，我们全都会被残酷的现实"烧焦"。

"踢腿步兵队"：愤怒

一旦"否认"让步（而且往往如此），现实便会予以重击。然后，伴随着现实到来的便是名叫"愤怒"的"踢腿步兵队"。在这个阶段，个体会感觉到内在的震动、猛烈的指责和抨击。而周围的人也会因此很难靠近和关心他们。他们会对生活、疾病、医生、家人、其他车里的司机、遛狗的邻居，甚至天气和他们自己发脾气。这个阶段的癌症患者和他们的家人常常会穿着印有"癌症去死"或"打倒癌症"口号的 T 恤。然而，愤怒有时是一件好事。

当我们不得不与困境搏斗时，愤怒往往能给予我们极其强悍的能量，帮助我们渡过难关。

正如在油箱里灌满汽油一样，愤怒帮助我们打起精神，处理生活中的那些破烂事：痛苦的治疗过程、缺乏睡眠、三番五次地住院、资金不足、艰难的对话，抑或其他任何摆在我们面前的麻烦。

让我们来做个交易：讨价还价

随后，或是马上，那些将面临死亡的人会尝试与更高阶的力量协商并达成协议，或者寻求极端的治疗手段来多买一点时间。他们清楚自己时日无多，他们只是想因为这样或那样的事而再多活些日子——看着他的第一个孙子或孙女出生、参加毕业舞会，或者完成梦寐以求的旅行。库伯勒 - 罗斯把这命名为"讨价还价"。然而，如果上天没有庇护，新的实验性治疗不起作用或让他们病得更重的话，他们可能会从绝望的悬崖上直接跌落下去，进入下一个阶段，也就是"抑郁"。

迷失在荒野中：抑郁

如果一个人变得退缩，陷入沉默，开始哭泣或拒绝访客，其表现就是我们通常所认为的典型的悲伤反应。悲伤在这个阶段是最明显的。也正是在这个阶段，悲伤者（包括濒死的人和活着的人）的能量会变得非常弱，他们就像在淤泥中缓慢地移动，既疏离又无望。我们常会看到三个"D"总是一起出现：抑郁（Depression），沮丧（Discouragement），绝望（Despair）。悲伤者会感觉这三个"D"像一群饿狼一样把他们包围起来，向他们一步步逼近，准备大开杀戒，而他们根本无力抵抗。另外，在此阶段的人们还会感到羞耻或迷茫，他们会容易犯错并感觉自己是别人的负担。

"拉链式并道"：接受

然而，库伯勒 - 罗斯强调，悲伤还有最后一个阶段："接受"。在这趟旅程的最后一站，人们终于能够深入核心，真正开始面对困境并逐渐与现实接轨。就像在高速公路的拉链式并道上行驶一样，悲伤者这时候会进入一条全新的道路。在这条道路上，他们产生了一种共鸣：认为勇气远比革命更重要，因此他们获得了更为平和的心态。从处在"接受"阶段的人们那里，我们常听到类似这样的话语："事情就是这样了""老天自有安排"以及"我想要好好享受我剩余的时光"。根据库伯勒-罗斯的观点，如果一个濒死之人来到了这个阶段，他们的重要任务就是为自己和他们所爱的人（在物理层面、情感层面和心灵层面）做好准备，以迎接死亡真正来临的那一刻。

全世界公认的库伯勒-罗斯的模型，为人类经历的丧失提供了一个稳固的理论框架。虽然一开始，她通过濒临死亡的经验识别出了这五个情绪阶段，但后来她又对此模型进行了修订，使其适用于更广泛的丧失（所爱之人的死亡、失去工作、失去收入或失去自由）。随后，她又承认，人们可能在这些不同的阶段中进进退退，也就是说这五个阶段并不是一个线性的过程。在她的著作《当绿叶缓缓落下》（*On Grief and Grieving*，2004）中，她在感受到自己临终前的剧痛后，对她的合著者戴维·凯斯勒说道："人们爱我的'悲伤阶段理论'，但不会有人想置身于任何一个阶段中。"

"悲伤的五大阶段"并不适用于所有人

悲伤的五大阶段流传多年，历久弥新，不论是人们在临终、要失去他人、经历失业、离异，还是要结束一段关系时。在这些人类会面临的种种丧失中，悲伤的五大阶段都有一定的道理。但是为什么它没有变得更主流呢？

虽然库伯勒－罗斯的模型在医学和心理健康领域被广泛认可，却不那么被大众广泛认知。如果你有亲人或朋友即将离世，临终关怀中心会给你发一本来自芭芭拉·卡内斯（Barbara Karnes）护士的蓝色小册子——《我眼中的死亡：临终体验》（Gone from My Sight：The Dying Experience）。除此之外，在丧失这件事上，你不会得到更多知识了。我认为原因在于：当我们听到一趟名为"悲伤"的旅程时，我们会得知其中的路线是否认、愤怒、讨价还价、抑郁和接受，但是我们并不想亲身体验。而之后，当我们开始感觉到自己在这五大阶段中的感受时，我们宁可做其他任何事情也不要让自己感受到这些灼热、危险且令人困惑的感觉。

我猜想，在主流社会中，这一给悲伤阶段命名的出色理论被关注得很少的原因是：在出事的时候，没有人会在乎要用什么样的明确语言去描述它。例如，在我和丈夫一开始接受心理治疗时，这些关于悲伤的不同阶段的信息跟我们当时的处境又有什么关系呢？

悲伤的五大阶段在理论层面是正确的，但却无法涵容人类本身的实际体验。除了把它当作"路标"使用以外（这当然也很重要），没有别的作用了。它只存在于一小部分人的字典里。它是一个概述，或者一个解释，解释你在失去重要的人或事的过程中会发生什么。但是它无法教我们如何从丧失的悲伤中走出来。打个比方——这就好像你去考驾驶证，也许你已经学习了交通法规，也跟你的父母练习过了。但如果你在高速公路上跟在一辆时速为 130 公里 / 小时的汽车后面，旁边的车纷纷呼啸而过，刹车灯在前方闪，警车的汽笛声在后方响起并渐渐逼近你，天又快要下雨了……在那一刻，一切你学习过的交通法规都不管用了。驾驶员的训练手册和驾驶学校，正如描述悲伤的词汇，在艰难的生活面前什么都不是。我们需要的是有能力与我们的悲伤待在一起，经历这个过程，从中走出一条路来，然后，我们需要的是面对未来的希望。

应对悲伤的文化影响

悲伤的五大阶段没有涉及的另一个问题是，我们的社会是如何应对悲伤的。当经历各种丧失时，我们并没有一个很高的**"悲商"**（**"Grief IQ"**）。在家庭中，我们不会传承悲伤的重要性和价值。因此，没有人教我们如何去体验和走出悲伤。悲伤既不是一件我们会教给下一代的事，也不是一件我们会在我们的文化中大量讨论的事。通常，我们的社会会重视成功、效率、健康、正确，而绝非悲伤。

在诸多成瘾症——酒精成瘾、药物成瘾、工作成瘾、暴饮暴食和食物成瘾、购物成瘾、非理性消费、嗜赌成瘾——的表象之下，往往隐藏着被人回避的巨大悲伤。人们不想看到悲伤，不想掉进那些隐藏在事情的表象之下的情绪中。他们始终让自己浮在悲伤的情绪之上，试图通过喝酒、用药、每周工作100个小时或疯狂花钱来从悲伤中逃脱，因为他们知道，一旦自己感受到了悲伤，那将异常疼痛。

丧失虽然会痛，却让我们自然地放慢脚步，进行自我反思。这其实是一个邀请，而我们会错失这个邀请的原因是：我们的文化总是逼着我们做出点成绩。

很多人会为了参加一场葬礼而休假，会在找下一份工作之前过几天清闲日子；但是很少有人会让自己深入悲伤，花时间好好地理解它，并问问自己：我发生了什么？我怎么了？我接

收到的信息是什么？我错过了什么？大多数时候，我们会让自己强行越过悲伤，把它搁置一旁，再次忙碌起来。

老方法：别管了，向前看

当我们在处理很痛苦的感受时，如过度的悲伤，如果写成一个数学公式的话，它会是这样的：

向前看＋再加把劲儿＋回避＝被困住

不久前，我在与来访者肯德拉的会谈中得知，她在 8 岁的时候便失去了哥哥伦恩。在她的记忆里，大她 3 岁的伦恩是家里的"开心果"——他会快速做鬼脸，把她驮在背上"骑大马"，或是用卡通人物的声音说话。伦恩就是这个传统、严肃的家庭中的"搞怪鬼"。他的滑稽幽默和喜感成为一束点亮肯德拉童年的光。有段时间，他们共享一个房间，两个人在一起熬夜打牌、看漫画书，熄灯后一起偷看电视。如果她想破坏规矩，她只需要得到伦恩的允许：他是她的同伙。他比她大，所以只要有他，一切都会没事。

一天，她放学回到家，发现一个警察正站在她家的厨房里，而她的父母也在厨房的餐桌旁，母亲正用手抱着头低声啜泣。没有人向肯德拉解释发生了什么，但她感觉到情况不妙。

他们谈到了"自行车""铁轨"和"交通事故",其他细节在她的记忆中都不是很清晰了,但是她还清晰地记得,当时像块水泥砖一样堵在她胸口的感觉。在她真正听到伦恩"死了"的字眼之前,她就有一种他离开了的感觉,因为一切都太不对劲了。她感觉到她的身体在告诉她,她深爱的哥哥,让她生活得无忧无虑的哥哥,就这样被突然地带走了,永远也不会再回来。

最后,她的父母为伦恩安排了一场小型葬礼。在葬礼上,阿姨们和邻居们抽泣着走过来拥抱她,随即又马上走开,仿佛她有传染病一样。他们似乎既心疼她又想远离她,并且越快越好。她听到他们说得最多的话是:"伦恩不再跟我们在一起了。"但是他们从来没有说过,他当时发生了什么,这一切都是谁的责任,他去了哪里,当失去某人的时候她能做些什么,在失去他之后她该如何看待生命。

从那以后,肯德拉便眼睁睁地看着她的父母像行尸走肉般生活。他们就像所有正常人一样——出去工作、做晚餐、做家务——但头顶的乌云始终笼罩着他们。她的父母再也没有谈起过哥哥。肯德拉也逐渐学会了,如果要在这个回避沉重话题的家庭中继续生存下去,她就不得不把内心的感觉都封锁起来。

只有与让她感觉沉重的内在情感分离，再忙碌于让她看起来很成功的外在，肯德拉才感到熟悉和安全。她学会了生活在与自己的感受分离的状态中，因为她的父母在哥哥去世的时候就是这样做的。正如詹姆士·杜布森（James Dobson）博士说的那样："在家庭中，孩子从父母身上学到的不是你想让他成为什么样的人，而是你本来是什么样的人。"肯德拉从她的父母身上学到的就是，他们是怎样回避痛苦的丧失且闭口不谈的。在这样的环境下，她很早就习惯表现出好像不仅没有任何事不对劲，而且没有任何事发生过一样。别管了，向前看。结果是什么呢？结果是：广泛性焦虑、过度的控制行为，以及把情绪隐藏在层层回避策略之下的倾向。而这种倾向是为了让她内在的自我在更多的悲剧发生时免受伤害。

当肯德拉长大后，她的依恋系统——我们与他人建立关系的人际互动机制——发展成了同样的成年依恋类型，这在她的成长过程中早已习以为常。在冷漠而又疏离的肯德拉的世界里，她要保证"她是赢家"，至少从外在看起来如此。她选择的朋友和伴侣都是表面上很成功，但实际上肤浅、焦虑，并与更深层次的自我和他人保持情感隔离。成年后的肯德拉与好多个吝于付出的男性成为伴侣，这些男性无法在关系里表现出一个健康的成年人的状态，也无法与她维持一种更有深度和支持性的关系。他们不会谈论或理解自己的情绪，除了工作和财务状况以外，他们也不会真正为自己的生命负起责任。

　　甚至对于她那两个处于青春期的孩子，她也更倾向于关注他们在学校和运动方面的表现；她很难给予他们无条件的爱和接纳。作为一个母亲，她的教育方式是：不断挑战孩子们，给他们施压。她告诉自己，如果她的孩子们想要在社会里有所作为，那么在他们走出家门之前，她需要对他们残酷一点。不出意外，两个孩子都对这个母亲隐瞒了很多秘密，他们更喜欢跟朋友们待在一起或去他们的父亲家。他们让她看见成绩和金牌，但不让她看见他们的心。

　　为了努力生存下去，肯德拉毫不示弱，也不敞开自己。曾经那个 8 岁的她那么渴望表达她的爱和关心，以及对哥哥的思念，但是成年后的她却不知道该怎么做了。没有人教过她怎么做。她感觉很孤独，又不明白为什么。她那么能干，拥有如此多的经济保障和外在成功，然而在关系里她怎么还会感觉如此孤独和迷茫呢？她来到咨询室，抱怨她的偏头痛、糟糕的睡眠、工作中的焦躁以及对感情生活的不满（永远急切地寻找她的白马王子，但最终他们都离她而去）。她真是太符合"向前看＋再加把劲儿＋回避＝被困住”这个公式了。

新方法："当悲伤化为良药"快照

谈论 ＋ 感受 ＋ 向前看 ＝ 释怀

如果肯德拉有一个健康的"悲商"，她会学习这样做：

- 如何去悲伤；
- 悲伤在日常用语中的感觉和样子；
- 理解纪念和怀念哥哥的重要性；
- 如何去谈论和感受那些沉重的情绪；
- 纪念哥哥的方式可以是什么；
- 哥哥的生命带给她了怎样特殊的礼物。

这也是我自己在悲伤中会使用的方法，我也会给我的来访者使用。只有去谈论、感受，并在其中有所体会和感悟之后，我们才有可能真正释怀。当我们学会把这些由丧失带来的沉重"硬块"在内在进行清洗和净化之后，我们会惊讶地发现所有悲伤和恐怖的东西，都会化为良药。

重大改变的入口

我能理解肯德拉，理解那种大难临头、喉咙被锁住、心不断往下沉的感觉。这感觉是我在童年时期经常能感觉到的。在悲伤的路上，我跟所有人一样。当我意识到它时，它早已超出了我能承受的范围。

我记忆中的童年和青少年时期是这样的：奇怪但有时又很有趣的事件伴随着孤独、混乱和创伤接连发生，却从未被好好谈论过。没有一个人教过我，或者跟我谈谈如何去面对和处理那些困难的事情。于是我只好把这些感觉锁在心里，直到这些未经处理的悲伤开始以惊恐发作的形式出现。我第一次惊恐发作是在八九岁的时候。发作的起因是，我听到我的兄弟姐妹在争吵和打闹。当时我正坐在我们家的一个小旅行拖车里的马桶座圈上，我不知道要做什么、说什么，我的身体代替我做出了反应。然后，我被一次惊恐发作淹没了，这是我在今后的人生中经历的数百次惊恐发作里的第一次。后来，我最好的朋友西莱斯特死于一场车祸，那时我 16 岁。我很感谢当时我能去参加她的葬礼，但是从那以后我们就再也没有谈起过她。在我生命中发生过的许多**生活事件**（Life event）（在我的专业领域，它们被这样命名）都未经过我的心智处理，就这样一直埋藏在我 29 年的生命表象之下。

十年失魂落魄的人生

童年终于结束了，一满 18 岁，我和我的兄弟姐妹们就像流浪猫一样，从"谷仓门"里猛窜了出来，把童年彻底抛在了脑后。对于在我们身上曾经发生过什么以及如何去谈论它们，我们全然不知。

我和我的两个姐妹最终用我们的行为去谈论了它们。我们三个都在很年轻的时候结婚，随后又都跟与我们很不相配的男人离了婚。我们内在的那些未经处理的童年悲伤，在往后一系列关系的失败中闪现。

我还记得那天下着雨，27 岁的我怀着九个月的身孕，从离婚法庭走出来去上班。当时的我在想，事情还会不会变得更糟？等我 28 岁的时候，我有了两个小孩要抚养，我领着救济金搬回了我父母的房子，试着重新开始。当时我感觉我的人生彻底完了。

在遇到我第二任丈夫达林的时候，我离了婚，破了产，我的小房子被抵押没收，两辆车也被收回了。而在我 31 岁的时候，我又被确诊为癌症。为了活下去，我努力与癌症抗争，经历了心脏、肝脏和肺部的衰竭。虽然我无法证明，也很少谈起，但我一直在想，我在 30 多岁时经历的健康问题，会不会是我在童年和青少年时期积累下来的所有未经处理的心理问题的结果？要是那时候我能够允许自己找到方法，把我那些年堆积的内在负荷一点点卸载掉，或许我的健康就不会像现在这样把我彻底击垮。如果有人能够告诉当时的我如何去悲伤，那该有多好。

走出悲伤的唯一方法是与悲伤对话

经历早期成长中的丧失和经历与我后来人生中的丧失当然是很不一样的——后来的我已经拥有了一个成年人的头脑来应对和管理我的丧失。这一点很重要。另一个重要的事情是，后来的我决定要为我的人生换一个剧本。我开始表达。我向我身边的每一个人表达，几乎有什么说什么。我给自己定了个目标，那就是不再对我的丧失或挣扎闭口不谈。这对我真的很有帮助，尤其是在我罹患癌症之后。表达也让我和达林在去见盖瑞之前，就已经准备好接受他的帮助了。随着时间的流逝，我渐渐颠覆了人生的游戏规则。

我发现无论我经历了什么，当我真正开始面对和讲述我遭遇的困境时（与让我感到安全和支持的人），我的负担似乎都能被减轻一点。因此，我能够更好地管理情绪，在困境中迸发出那么一点点希望。然后，我也就更容易知道下一步该怎么走。一旦我不再迷失在那些由悲伤产生的间接的情绪迷宫里，我便能够更好地找到接下来要做什么了——无论是小憩一会儿，还是找一份新工作。重点是，当我有意识地去悲伤时——让我自己感受它、谈论它，经历这个过程——悲伤就不再是把我困住的泥沼，它让我活得更加清醒。

最后我还发现，我不再需要一个心理治疗师或一个老师来带领我，我可以治愈我自己，创造属于我自己的魔法。在丧失发生后，我开始把我那些间接的情绪看作我接收到的信息——就像短信一样："嘿，听着！"如果我没睡好，能量很低，或是思绪杂乱——"辛迪，你的收件箱里有一条新消息哦。"它们是提醒我积极地进入悲伤体验的信号。在这些信号的提醒下，我总能把我自己的状态和那些沉重的情绪（往往是悲伤的五大阶段中的其中一种情绪）联系起来，或者跟丧失事件本身的问题联系起来。然后只要我能一点点地明白我的内在发生了什么、正在发生着什么——哪怕只有几分钟的时间——我也会去找一个我信任的人（同事、朋友、家人、室友、伴侣、团体成员）谈一谈。我并不是要挖掘那个最深层的自我，只是想寻求一点安慰，如"是的，几个月前我失去了我最好的朋友。昨天我偶然看到了我们的合照，我心碎极了。啊，之后我感觉我彻底'死机'了"。 如果他们跟我有眼神交流，明白我的体验（哪怕只有一点点），允许我分享一点我的痛苦，那就足够了。我就会感觉好一点，可以继续生活下去。压力也就在那一刻得到了释放。简而言之，我教会了自己如何去悲伤。

教会自己如何去悲伤的过程是怎样的呢？我不介意尝试任何方法。我知道的是：每天做一点点，每天迈出一小步，这样我们才不会被悲伤困住。不论我们多么想，我们都无法真正绕过内心的悲伤；我们必须走进去体验它，为我们面临的困难负起责任，并与它成为朋友。丧失可以滋养学习和成长。向前一步还是"结账"离开，由你来决定。

如果找不到人谈话，我会用任何对我有用的形式把我的体验写下来：诗歌、散文、小说……任何形式！如果做不到，我就会开始祈祷；如果我感觉那天我的信念没有那么强大，我就会上网寻找一些跟我有同样经历的人，阅读他们的文字和想法或是发表我自己的。或者，我会给我的朋友发短信。我会找一首能够代表我心境的歌，然后大声地唱出来。一直以来，就是做这些微不足道的小事让我有能力度过那一刻、那一天、那种感觉。

有时，我会觉得不需要谈论某些感受，只需要携带这些感受继续做事和生活。有一次，我写了一封感谢信并寄了出去。在这封信里，我详细地表达了我是多么感激能够恢复健康，跟我的家人在一起的时间更长了一点。虽然我永远都不会知道那封信被寄到了哪里。还有一次，我开始了一个小小的把爱心传递出去的练习。我数了数一年中我有多少天是生病的——270天。当我恢复了一些能量后，我承诺在接下来的270天里，每天都做一件善事。这个小小的举动赋予了我更多力量，它不仅帮助我重建了我的健康，也慢慢地帮助我从悲伤中走了出来。

好吧，暂停一下，你刚才是不是听到我就这样一小块儿、一小块儿地融化了我的悲伤。这就结束了吗？当然没有。还差得很远呢。真实的悲伤，当然远不止于此。为什么叫"悲伤的五大阶段"，因为它们真的很大。我个人经历的"否认""愤怒""讨价还价""抑郁"和"接受"的体验都是无比痛苦和漫长的。这的确太沉重了。文字永远无法写尽我被这五大阶段折磨的日子。

我与悲伤的对话——如果你想要称之为"对话"的话——

是深刻而热烈的。如果你有一位好的老师或咨询师陪在你身边
会有极大的帮助。我们甚至跟孩子们说，我们也许没有给他们
上大学准备很多的教育基金，但是我们绝对会为他们准备好心
理咨询基金，在上面写上他们的名字！我被这五大阶段打倒在
地的次数实在太多了。但重要的是——它没有让我退出我的人
生，也没有把我的生活从我的生命中偷走。现在，我的人生由
我掌控。把悲伤这头"大象"吃掉的方法，正如我前面说的，
不是去回避它，而是一小口、一小口地咀嚼它、消化它。

　　下一章我将会谈到我自己是如何发现悲伤的。这个经验也
可以被运用到你自己的悲伤中。

第 2 章

悲伤反应清单

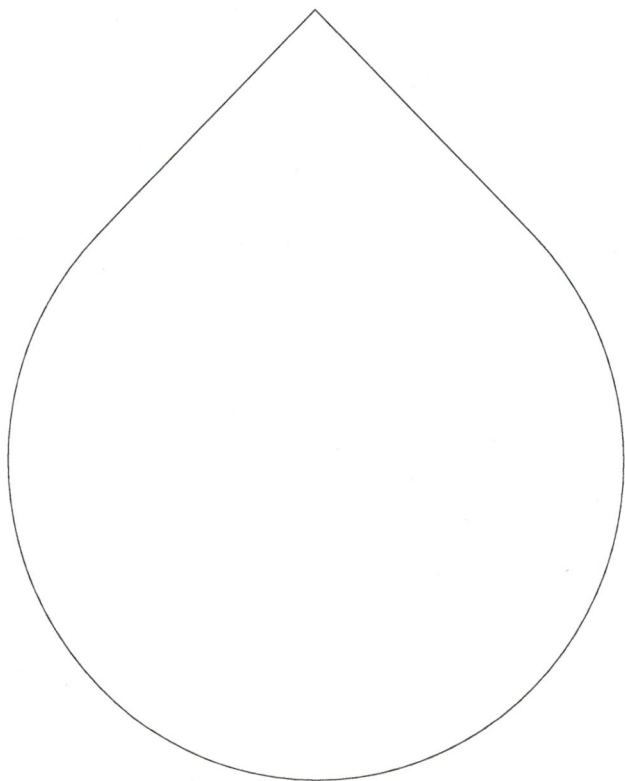

"我发现，在我内心的凛冬深处，竟然孕育着一个不可战胜的夏天。这个发现让我欣喜。也就是说，无论世界怎样把我击溃在地，在我的体内，总有一股更强大、更光明的力量，予以还击。"

—— 阿尔贝·加缪
Albert Camus

2020 年 1 月 26 日，一架直升机从加利福尼亚州奥兰治县的约翰威恩机场起飞，机上搭乘了 9 人：科比·布莱恩特（Kobe Bryant）——一位备受爱戴的职业篮球运动员、他 13 岁的女儿吉安娜（Gianna）、6 位家族好友，以及飞机驾驶员。当时，一行人正要飞往一个篮球比赛的现场。由于清晨的小雨和大雾天气，大多数飞机都因为受空中管制而停在地面，这架直升机却照常起飞，并转向开进了南面的山脉里。你大概已经听说了后面的故事：在起飞 41 分钟后，直升机撞上了山脉的一侧。科比、他的女儿以及其他 7 名机上人员全部遇难。

凡妮莎·布莱恩特（Vanessa Bryant），这位与科比结婚 18 年的妻子，于 2020 年 2 月在 Instagram 的个人主页上分享了这个信息：

悲伤即成长

　　我不知道要用什么样的语言来表达我的感受。我的大脑拒绝接受科比和吉吉（吉安娜的小名）已经离开的事实。我无法在同一时间处理他们两个人都已离我而去的情绪。我试着去接受科比的离开，但是我的身体拒绝接受我的吉吉永远也不会再回来了。这感觉太不对劲了。为什么我能够在新的一天醒来，而我的宝贝女儿却没有这样的机会？！我感到很愤怒。她原本还有很长的人生。然后，我又意识到，我需要坚强起来，因为还有3个女儿需要我。我感到很生气，为什么我没有跟科比和吉吉一起去；同时我又感到庆幸，因为我还能够陪着娜塔莎、比昂卡和卡普瑞。我知道我的感受是正常的，这是悲伤过程的一部分。在这里我只是想与跟我有同样经历的人分享。天啊，我是多么希望他们还在，而这场噩梦终将结束。我为所有在这场可怕的悲剧里丧生的人祈祷。请继续为所有人祈祷（凡妮莎·布莱恩特，遗孀）。

　　我想要讲述这个故事的原因是，凡妮莎·布莱恩特很好地述说了她的丧失。所有人都对她感同身受。在这场受到了如此多关注的双重悲剧中，从某种意义上讲，她成了一位领袖——她的发声让那些也在经历丧失的人得到了回应。公开地分享自己的经历，是她认识并走出悲伤的过程。虽然她仍处在深深的悲痛之中，但她必须继续活下去。她体验着如此分裂的感受：一方面她在失去亲人的悲伤里感到愤怒、震惊、痛苦和茫然；另一方面她还得站出来照顾她的孩子们——这是所有经历过丧失的人都能理解的。她愿意以如此公开的方式来分享她的悲伤，这为其他人做了一个很好的榜样，使得其他人也允许他们自己去感受自己的悲伤。

所有的悲伤都是真实的

在开始谈论悲伤之前，我们首先必须明确：我们正在体验着它，我们要知道它是什么样的。悲伤常常以不容易被人发现的方式出现——在经历了重大丧失或失望之后，很多人都会竭力让自己感觉麻木。那胸口心如刀绞的疼痛或被背叛的羞耻感，对我们来说都太难以承受了，因此我们会寻找不去感受它的方法。

太多的歌曲在唱"我们把酒干了，心中落下泪来"，我们与陌生人的偶遇，总是勾起有关往事的伤心回忆……这些似乎都是经历过深刻痛苦之后的正常反应。作为人类，我们想要的是让疼痛走开，而不是向它走去。小时候，我们被教会把手从那些会伤害我们的东西上拿开，如发烫的炉子或蜇人的蜜蜂。对于疼痛，我们下意识的反应是逃跑。但是在生命的丧失这件事情上，"逃跑"可能很快会让我们做出一个没有任何效率的选择，那就是：试图麻木这些由丧失引发的感觉。然后，我们会开始认为我们的麻木行为是需要解决的问题，而不去想想看，我们一开始为什么想要麻痹那些感觉。

例如，在丧失之后喝得酩酊大醉、醉酒驾车或被公司解雇，常常是悲伤反应的其中一种，我们却以为这是因为患了成瘾症或糟糕的工作表现。在经历一个重大丧失之后，人们表现出某些成瘾行为其实并不少见。还有一些人会出现严重的抑郁或自杀倾向。大多数人都无法维持稳定的生理或心理功能，并且想要让自己没有任何感觉。想要麻木感觉的迫切需要恰恰就是由重大丧失引发的副作用。

我们也许还会避免路过我们爱的人去世的十字路口，把发生的一切都怪在自己身上，在脑海中循环这些念头——要是我做了这个该多好；我们也会不断地在脑海里重播事故发生的情境，仿佛会有不一样的结局，或者是问为什么——为什么当时我没在场安慰他们？为什么发生了这一切？又或者是对上天发怒，失去信仰。这些全部都是悲伤的副作用。

人们也许还会为了回避悲伤，而去过度地关注那些跟丧失有关的现实细节，如一场诉讼。这样的人也许会控告市政府、延长离婚程序，或者出现滥用诉讼的情况。

虽然在发生了重大丧失之后，法律诉讼程序是很常见的，也许它还能够为人们带来一些公平正义和控制感，但是人们也很可能会对此过度关注和投入，以转移注意力，回避丧失和悲伤本身。作为一名心理治疗师，我目睹过一个家庭为了离婚后的监护权、配偶的赡养费或探视权被拖入漫长而充满恶意的庭审大战里，整个家庭因此而变得功能几乎瘫痪。他们把成千上万的金钱付给律师，而夫妻双方在失去了伴侣关系之后，始终处于某种否认的"假死状态"。他们中的一方或双方会被困住，拒绝接受他们已经"失去了"这段关系，或是"失去了"他们在这段关系中的权力。在如此恶意的报复力量的驱使之下，他们最终会伤及孩子们的幸福。他们甚至会在本应该共同抚养孩子、彼此支撑走向新的人生阶段之时，患上生理和心理的疾病。他们被困在了"否认""愤怒"和"怪罪"这些悲伤的反应里，最终付出了巨大的代价。

从很多极端的例子中我们都可以看到，我们多么想要别人为我们的丧失买单，而全然不顾我们的内心有多么悲伤。故事中上演的永远都是我们的否认、愤怒以及我们不愿意接受现状的剧情。

请注意：当经历重大丧失时，我们出现临床上的抑郁和焦虑症状、惊恐障碍，甚至急性精神病性的症状都不意外。我在医院工作的时候，很多病人的"入院原因"一栏里写的都是负面生活事件。负面生活事件包括我们之前谈到过的种种：失业、离婚、背叛、流产、爱人去世、大流行病、成为犯罪受害者，等等。这些生活事件总给予我们内在的本质强烈而又黑暗的撞击。我曾见过有人因为太难以忍受一些生活事件而结束自己的生命。明白这一点很重要。如果你发现自己面临被黑暗的想法笼罩、惊恐发作、陷入抑郁情绪、有想要结束生命的冲动或者其他心理健康的挑战时，明白这一点，会让你想要做点什么来保证自己的安全，获得需要的照顾。

直面你的悲伤：减轻痛苦的工具

"悲伤反应清单"是第一个让你好好认识自己的悲伤的工具：发生了什么？你是怎么应对的？当时那个情况被怎样的情绪所笼罩？

弄明白你的内在正在发生什么样的悲伤，它感觉起来是怎样的，这很重要。只有这样，你才有可能用手把它稳稳地"接住"，而不让它一不小心就滑进成年累月的"回避"和"否认"的模式中。悲伤远胜于一些同样让人感到沉重的情绪。当我们失去在乎的某人或某事时，我们的身心会透过各种方式向我们发出信号。正如作家洛丽 - 琼·格拉斯所说的那样，我们的依恋系统（让我们与他人进行连接的情绪和行为模式）会进入惊愕和退缩的状态。就像一个吸毒者戒掉毒品的过程那样，我们会经历跟我们失去的某物或某人严重分离的状态。而这种状态会让我们感觉到，我们再也无法像原来那样继续前进了。

当经历深刻的丧失时，我们会有很多种不同的反应：一些人描述他们有一种下沉的感觉或感觉他们的胸口有个洞；另一些人变得全然麻木和退缩；还有一些人可能会变得易被激怒和暴力。关键是，你要明白你的那些对悲伤的反应都是正常的，而且你有办法应对它们。否则，你很可能会跌进悲伤的深渊，

悲伤即成长

最后试图从这些困难的感觉里逃脱或麻痹自己。通过给自己真正的照顾，你就可以疗愈你的悲伤，在处理丧失的过程中有所收获，纪念那位你爱的人，并发现在痛苦和失望的彼岸会有更棒的风景。

现在，让我们一起来回顾这些典型的悲伤反应，并看看它们是否适用于你。大多数人都不会意识到，他们的丧失如何影响着他们。

行为

- ☐ 回避那些会让你想起你的丧失的地方、人物或活动
- ☐ 对谈恋爱和感情失去兴趣
- ☐ 渴望或计划报复
- ☐ 难以回到工作状态
- ☐ 感觉房间里有一头大象（形容明明很重要的东西却无人提及或无法被谈论——译者注）
- ☐ 恐惧更多坏事发生
- ☐ 健忘

- ☐ 执着于无法实现的目标
- ☐ 哭不出来
- ☐ 无法做决定
- ☐ 无法给丧失留出一段时间
- ☐ 药物和酒精的用量增加
- ☐ 只是"熬时间"
- ☐ 缺少对未来的憧憬

❏ 缺少对他人的关心或信任

❏ 不想社交

❏ 缺少希望

❏ 自我责备

❏ 缺少内在的平静或幸福

❏ 被指控罪犯的家人尾随或跟踪

❏ 缺少生活的乐趣

❏ 关系紧张

❏ 缺少自我照顾

❏ 从现实的时间中溜走

❏ 漫长 / 无望的法律诉讼

❏ 为了能亲近失去的人或事，迫切需要看到、摸到、听到或者嗅到相关的事物

❏ 翻看照片，听他们的声音，嗅他们衣服上留下的味道，尝试回忆在一起时的场景

❏ 担心财产安全

❏ 需要支持和保护孩子

❏ 爱人大喊大叫

❏ 不得不一遍又一遍地确认自己的丧失

想法

❏ 他 / 她的死是我的错

❏ 他 / 她的死是没有意义的，他 / 她为什么要牺牲自己的生命

悲伤即成长

□ 让这一切发生的我是一个坏人

□ 我感到震惊，因为发生的一切都没有意义，我感到人生毫无意义

□ 我的愤怒让我感到窒息

□ 我被困住了

□ 我祈求上天来帮助我（他们），但是他没有

□ 我永远都无法再感觉到绝对的安全了

□ 我持续地梦到复仇

□ 他/她在世的时候，我做什么都是错的

□ 我感觉被骗了

□ 他/她受的苦，我也必须承受

□ 我再也没有机会说一句真正的再见了

□ 我反复地想事情会不会有不一样的结局

□ 我感觉被背叛了

□ 他/她临终时，我没在场安慰他/她，他/她是孤独地死去的

□ 我当时忽略（否认）了警告信号，因为我太忙、太自私了

□ 我享受生活是不对的

□ 这太痛了，我不想去想它

□ 生活再也不能给我什么了

□ 自从＿＿＿＿＿＿＿发生，我感觉人生没有价值，没有方向

□ 这是上天给我的惩罚

☐ 丧失（死亡、离婚、悲剧）把我生命的意义都给夺走了

☐ 问"为什么"

☐ 经历"要是……该多好"的想法

☐ 反复想象所爱的人临终前的窘境

☐ 产生幻觉

☐ 反复出现所爱的人在受苦的想法

☐ 现在我无路可走了

☐ 一遍遍地在脑海里回放死亡的场景

☐ 事后诸葛亮效应

☐ 穷思竭虑地想自己所爱的人

☐ 入侵性的想法和闪回

☐ 对未来忧心忡忡

生理表现

☐ 各种各样的疼痛

☐ 感觉麻木或解离

☐ 焦虑 / 心情低落 / 动作迟缓

☐ 头痛 / 偏头痛

☐ 频频哭泣

☐ 食欲增加或减少

☐ 胸口痛，"心碎了"

☐ 心跳加快或心律不齐

☐ 难以专注

☐ 易激惹 / 易怒

悲伤即成长

- ☐ 对性或恋爱失去兴趣
- ☐ 缺乏睡眠或嗜睡
- ☐ 身体虚弱
- ☐ 空虚感

- ☐ 不安全感
- ☐ 感觉自己很"畏缩"
- ☐ 感觉自己心里有一个洞

情绪反应

- ☐ 感觉极度脆弱
- ☐ 感觉不真实
- ☐ 被抛弃，空虚的感觉
- ☐ 焦虑／恐惧
- ☐ 苦涩
- ☐ 抑郁／绝望
- ☐ 疏离
- ☐ 感觉自己的一部分死了，永远也不会再活过来
- ☐ 失望
- ☐ 愧疚感
- ☐ 没有希望

- ☐ 悲痛欲绝
- ☐ 易激惹／愤怒
- ☐ 孤独感
- ☐ 麻木感
- ☐ 被淹没感
- ☐ 无力感
- ☐ 后悔
- ☐ 宽慰
- ☐ 悲伤
- ☐ 震惊

关于悲伤的迷思

- ☐ 我是别人的负担
- ☐ 没有人可以帮助我，没有人会理解我
- ☐ 我必须靠我自己
- ☐ 我应该更坚强
- ☐ 听有同样经历的人讲述他们的故事会让我感觉更糟糕
- ☐ 人们已经听烦了我谈论我的丧失

- ☐ 只能这样了
- ☐ 我好起来是对死者的不敬
- ☐ 我抛下了他／她
- ☐ 感觉快乐起来意味着他／她对我已经不再重要了
- ☐ 我对他／她的爱渐渐消散了
- ☐ 其他人正在把他们的悲伤跟我的做对比，而且他们的更糟糕

悲伤的精神体验

- ☐ 对上天感到生气
- ☐ 对有信仰的人冷嘲热讽

- ☐ 怀疑某人的信仰、美德
- ☐ 感觉某人仿佛身处于灵魂的黑夜里

悲伤即成长

☐ 在精神世界的方向上感到
迷失

☐ 质疑某人的信仰

☐ 持续不断地追寻意义

☐ 质疑曾经的信仰和承诺

☐ 质疑上天的安排

"悲伤反应清单"能以下列方式减轻痛苦。

- 通过浏览清单，你会知道你的感觉都是正常的，而且它恰好说中了你的某些感觉。这些被列入清单的感觉别人也会有，所以你不是一个人。这会让你感觉更有希望。

- 通过浏览清单，你能够找到词句来描述你内在的那些连你自己都没有意识到的正在发生的东西。现在，这些定义都摆在你面前，你会明白所有这些都是正常的悲伤反应，你没有做错什么。

- 你开始更能同情自己，给自己喘息的空间。当你开始直面丧失故事里真实的悲伤时，你甚至可以不再感觉那么遗憾和内疚。

本章是一个邀请——邀请你在大多数人经历丧失后的有关行为、想法、生理表现、情绪反应、关于悲伤的迷思和悲伤的精神体验的清单中发现你自己。

写故事

第二个工具是"写故事",即书写你自己的悲伤故事。我会邀请你对一些特定的和简短的提示语进行回答,这些提示语有关你的悲伤故事。"写故事"会帮助你定义在你身上发生的事情。而在后续的内容中,你在处理悲伤时也可以把它当作一个自己内在的脚手架来使用。

悲伤是复杂而多面的。例如,悲伤引起的一个很常见的问题就是入睡困难。当陷入悲伤时,人们常常感到混乱,并对事件本身感到很不确定,而这会让他们一整夜都无法入眠。一些来访者患有失眠症,因为有关他们丧失的部分和片段不断在其脑海中盘旋,很难让他们睡个好觉。如果他们真的睡着了,他们会断断续续地做梦,还会做很不安稳的噩梦。这是因为他们的潜意识还在尝试弄清楚发生了什么。把你的悲伤故事写在纸上的目的是:让它不再那么频繁地在你的脑海中盘旋,让它有地方可去。

无论你在经历失眠还是其他不同的悲伤反应,"写故事"

练习都能帮助你稳固并整合自己的内在体验。当把它们从你的脑海中拎出来，在它们周围放一些规则或括号标注，把你自己和你头脑中的想法分离开时，你便创造了一个机会，让自己可以放心地去看看脑海中究竟发生了什么。例如，如果你注意到在经历丧失后，你很容易生气、急躁、没耐心，或者对别人很苛刻，这个练习可以帮助你理解为什么你会如此愤怒。它能够让你的感觉从你的头脑中流出来，按照一定的条理顺序和次序被写在纸上。这样你就可以后退一步，看看自己的情绪和感受，而不是一味地迷失在其中。

这个练习提供了一个方法：让你看到你的内在发生了什么，说出你的生活被怎样地改变了，然后再考虑下一步的打算。

简而言之，你可以找到办法去处理那些因丧失而引发的愤怒，而不只是一味地活在愤怒的情绪里。虽然在悲伤中感到愤怒是正常的，但你也可以通过学习如何体验、消化、理解，以及处理那些让你无法入睡的强迫或不安的念头，来更好地管理

和治愈你的愤怒。最起码，你可以加固这些感受和想法，让它们不再肆意流动，以给自己留出更多的休息空间。

但在这个阶段，我们还看不到曙光。此时此刻，我们正在对整体情况进行考察。这是一个认识你的悲伤的阶段。在这里我们只是认识它。只有明确了你的丧失，你才能知道你正在体验它。例如，肯德拉（我在第 1 章提到过她）在开始来咨询的时候，声称自己有偏头痛和亲密关系的困扰，还有睡眠问题。在我们详细地讨论了她的关系议题，并围绕着这个议题完成了一些练习后，她依然坚称自己有睡眠问题。直到有一天，我们花了额外的一节咨询来谈论她的哥哥。那天是他的生日，她早晨醒来时感到一阵悲伤。她觉得这很重要，于是在我们的会谈中聊起了一些他们童年的回忆。然后，我们兴奋地花了一整个小时来谈论他的人生，以及她能想到的所有关于他去世的事。第二天，她打电话告诉我，昨天我们的会谈结束后，她回到家，为她的哥哥痛哭了很长时间。然后她说这么长时间以来，她第一次睡了一个整觉，第二天醒来的时候，她感觉焕然一新，神清气爽。在对话和自然的情绪氛围中表达悲伤，对她实在太有益了。

你的故事

以下提示语是我根据一个框架来制定的版本，这个框架在我自己身上和我的来访者身上都被使用过很多次。这些句子不断地从我的口中说出，也不断地从别人的口中说出。例如，"我希望我有一台时光机，因为我想要做或说一些跟当时不一样的事情"。或者，"我没有意识到当时那个人为我做了那么多"。又或者，"我没有意识到我当时那么麻木"。这个练习可以帮助你后退一步去看待你的故事，更加客观地把发生过的片段和碎片拼凑起来。我发明的这些提示语，有助于你把握自己的悲伤，并对自己和别人说出你的丧失。

你可以写下或读出这些提示语。你不必思考或写下每一项的答案，只需挑出那些对你有意义的即可。

提示语如下。

- 我的名字是_____，发生了……
- 我的反应是……
- 我生活中的变化是……
- 让我感到愤怒的是……
- 让我感到最难过的是……
- 让我最后悔的是……

- 我当时没有意识到的是……

- 我记得最清楚的是……

- 我不能忘记的是……

- 如果我有时光机，我想……

- 如果我能主宰一切，我想……

- 帮到我的是……

- 没有帮到我的是……

- 最难的部分是……

- 我现在最害怕的是……

- 当我思考未来时，我想……

- 改变了我的是……

- 我现在很感恩的是……

- 从今天起，我下一步要……

停止自我麻痹

　　悲伤的感觉就像密布的铁丝网，当面对它时，我们往往想要麻痹这种痛苦。我在与成瘾症患者一起工作时常常会发现，那些由一件困难的生活事件带来的情绪上的痛苦不仅没有被处理，而且成了他们成瘾行为的燃料。我们大概能理解，酒精、毒品、性、食物、过度消费，以及各种形式的放纵行为都可能成为我们麻痹感觉的中介。简单来讲，如果这些事情无法让我们或多或少地从痛苦中解脱出来，没有人会对它们上瘾。但从长远来看，这是没有效果的。这些短期有效的权宜之计，只会让那些徘徊而恍惚的悲伤者麻木且无法被治愈。因为他们把关注点放在了错误的事情上，新出现或复发的行为问题，如成瘾行为，只会让我们在前进中被踢出局。因为麻痹某样东西跟治愈它，是不一样的。

麻痹只会拖延我们面对和处理悲伤的时间。一旦我们不再麻痹自己，我们不仅会找到最初让我们痛苦的原因，还会看到上瘾选择对我们的影响。全面地治愈我们的伤口和痛苦，会让我们受益匪浅。真正获得治愈的人们常说，他们体验到自己变得更加完整，有了更多的个人成长，更加自尊自爱，内在也更加平和，不仅如此，他们还因被治愈而生出一种喜悦感和意义感，甚至找到了新的人生道路。从另一角度来看，成瘾也会让你和你爱的人受尽折磨。正如匿名戒酒会里讲的那样，对于那些用酒精来止痛的人来说，"一杯已太多，千杯又太少"。如果你更倾向于用药物来应付某些沉重的感觉，而不是臣服于它，并从中走出来，那么你很可能正在回避面对一个未被治愈的创伤或丧失。所以，不要再问自己是不是喝得太多了。我邀请你问问自己如下这五个问题——这五个问题来自山姆·迪伦·芬奇（Sam Dylan Finch）①，它们针对药物、酒精、消费、性以及其他活动提供了一个很好的参考，以让你判断这些活动是否正在麻痹你的生活。

1.（我的行为的）影响有哪些，它们对我很重要吗？

2.（我的成瘾选择）让我损害了自己的价值吗？

3. 我的成瘾行为的后果是什么？它是可以被预料的吗？我能控制自己吗？

4.（关于我的选择和行为）我爱的人跟我说了什么？她/他为什么会这样说？

5. 我的酗酒行为（或药物使用、冲动行为、不安全的选择、风险性决策）在尝试告诉我什么？

如果你有了自己的清单，那么我想邀请你回答这五个问题，然后你可以去拜访一个你信任的老师、咨询师或家人，让他帮助你一起决定下一步要做什么。

---

① Sam Dylan Finch, "5 Better Questions to Ask Than 'Am I An Alcoholic?'," The Fix, May 19, 2017.

将你的丧失诉诸言语

在这一章，我们会尝试从外部一探究竟，看看我们的内在到底发生了什么。这样做会让你看见自己的丧失，并发展出一种语言来描述你的体验。一旦你完成了"悲伤反应清单"，你就能够看到悲伤正在什么地方影响着你的生活，而这些可能是你之前意识不到的。当填满那些提示语，并把它们结合起来后，我们便创造出了自己的故事。写下这些句子的简单举动，可以帮助你开始理解在你的头脑和身体中正在发生着什么，并以此来着手处理你的丧失。你甚至可能都没有意识到，有这样一个故事正在你的脑海中打转。在你走出丧失的过程中，有了这几个"立足点"，将会有助于你理解你的内在正在发生的事情，而你又是如何承载着它们的。

我对我的来访者都会使用"悲伤反应清单"和"写故事"练习。他们会因此去努力地理解正在发生什么，弄明白他们的故事是什么样的。他们来见我的时候，总是没有意识到自己是如何对丧失做出反应的，他们不晓得自己已然身处悲伤的反应中了。他们可能会表现出不寻常的行为，感觉自己在受惩罚或失控了，或者害怕自己将永远无法感觉到绝对的安全。这些全都是悲伤的反应。

　　人们往往正在经历悲伤，却无法将其诉诸言语。一旦你能够说清楚你的生活变成什么样了，你便可以开口向别人倾诉。也许你对那个护理人员、警察、歹徒或司机感到很生气；也许你对你爱的人因没有好好照顾自己而生病了感到很生气；也许，你气他／她让自己身处一段如此危险又受虐的关系中；也许，你没有意识到你已经在脑海中一遍又一遍地回放某个场景。你会感觉麻木地到处晃来晃去，或者不再在你和伴侣的关系中投入感情。无论悲伤正在以何种方式影响着你，将你的感觉诉诸言语都是一个非常重要的能力。

　　在下一章，我们将把目光投向照顾自己的各种方法上，继续我们的悲伤之旅。

第 3 章

自我爱护

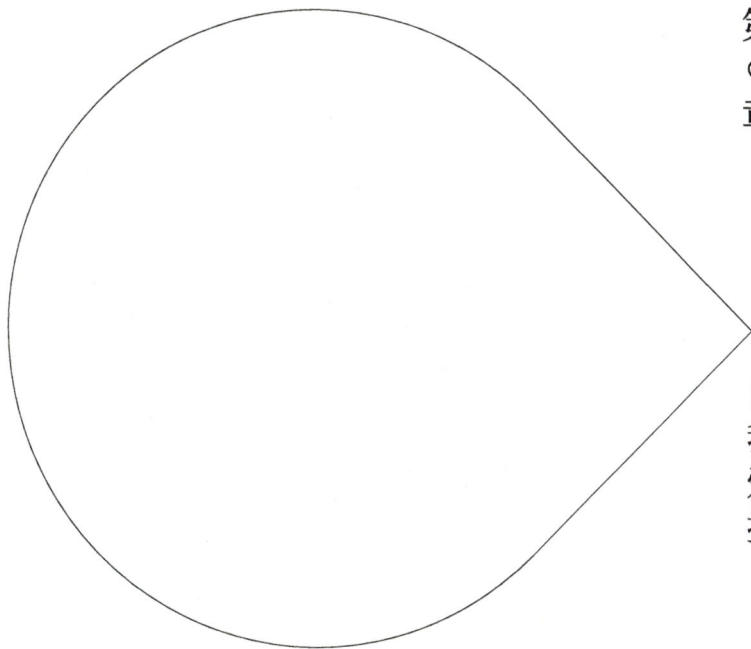

"有时候，你要做的是，先慢下来，这样你才能在日后前进的时候更有力量。在如今的世界上，为了追赶上前进的快节奏，人人都倍感压力。不要再去理会别人在做什么，遵从你内心的节奏吧。这将有助于你做出更好的抉择，获得内在的平和。"

—— 容·普韦布洛
Yung Pueblo

我有许多女性来访者，她们在 40 ~ 45 岁的时候走进我的办公室，并对我讲述了如下故事版本：

我已婚，有孩子，有工作，是个好妻子；但是现在，我感到疲惫、愤怒、空虚。我的丈夫和孩子都不感激我，而我从来没有去追寻过我的梦想。在家里没人比我做得更多了，但是该死的，为什么在我做了那么多之后，没有人为我做点什么呢？哪怕就一次，难道我就那么不重要吗？

出于各种各样的理由和原因，当人们长大成人，为人父母后，为了确保下一代的成长，他们往往会把自己个人的成长束之高阁。直到他们的孩子成长到能够去上学、工作，甚至完全"长大成人"以后，他们中的大多数人才开始重新渴望回到他们曾经的生活中。很多人，尤其是女性，在数十年如一日的照顾他人的岁月中，走过一段自我牺牲的道路。而在这之后，她们都想要重新找回她们在成为妻子和母亲之前的那个自己，开启下一阶段的人生。

那么，首先我们要让她们意识到这样一个观念：她们有自己的生活，并且她们需要真正关照自己的生活。接下来，为了把她们从为家庭付出几十年的状态中拉回来，我会列一些**自我照顾**（Self-care）练习。当我谈及自我照顾的部分时，几乎每一个跟我工作过的来访者都无一例外地会遇到困难。这是为什么呢？

- 她们相信自我照顾是一种自私的表现。
- 她们从未见过人们应该如何与自己建立良好的关系。
- 她们的自尊水平很低，并且认为自己可以通过各种身份角色——母亲、妻子、员工、学生、职业女性等——来获得自我价值。
- 她们认为照顾家庭比照顾她们自己更重要。
- 经营事业、家庭、为人父母都已经非常有难度了。
- 自我牺牲在我们的文化中是一种高尚的美德，而且自我牺牲是经营一个家庭，或者在几乎所有事情上获得成功的一个必要条件。

　　这些全身心地投入事业和家庭的女性，不知道除此之外，她们还可以是谁。外界的信息是如此强烈，而她们为了自己以外的东西（如事业和孩子）勇敢献身的精神又是如此强大。于是当她们开始重新找回自我的时候，她们往往会被洪水般汹涌而来的内疚、**自我憎恨**（Self-hatred）以及内在的负面声音淹没。我们将要一起做的事情很重要，也与我将要在这一章教授的东西类似，那就是：致力于自我照顾并不仅仅是为那些因各种困扰（背叛、职场难题、情绪波动、离婚或其他）而前来咨询的人找到其困扰的解决之道；致力于自我照顾也会让你身边的人受益。信不信由你，为了让我身边的人仅仅是为了自己而活，我不得不经常给出准许，布置作业，跟人争论，甚至在便签纸上开处方。而当他们真这样做的时候，他们的很多甚至大多数问题都被解决了！

　　当我们开始看见自己原本的价值，并开始觉察到自身的挣扎时，我们便会成为自身情绪反应和行为模式的打破者及问题的解决者。这即是自我照顾的魔力之所在。通过去见治疗师、做治疗，人们都会谈到他们感觉好些了，感觉被帮助到了，或是被赋予了力量。他们的人生因此而改变。

注意：心理治疗应该帮助你向前走，并创造改变人生的机会，而不仅仅是每周让你谈谈感觉怎么样。

一切都始于一项有意识的自我照顾练习，即自我爱护。爱护和照顾自己既不是自私自利，也不是自我牺牲；它完全是另外一回事。自我爱护可以帮助我们重新开始，解决问题，发挥出我们的全部潜能，以及更好地照顾我们所爱的人。作家和TED演讲者安妮·拉莫特（Anne Lamott）说："当我们把自己当作爱人来照顾时——给自己小憩的时间、健康的食物、干净的床单、一杯让人心情愉悦的茶——我们的内在会变得充实而饱满，我们也会因此开始以一种更慷慨的方式为世界做贡献。"

无论你正在从哪种丧失中恢复过来，当你在"悲伤反应清单"中发现了你的悲伤，又写下了你的故事后，我推荐你接下来为自己量身定制一套自我照顾的方法。这些方法能够让你在这段艰辛的旅途中安放自己，保护好自己。为什么这么说呢？因为丧失的过程会带来很多脆弱或伤感——对任何一个身处悲伤体验核心的人来说都是如此。因此，在如此困难的时候，发展出一套新的自我照顾的练习，这一点很重要：让自己能够回到安全基地，在那里把自己的内在调整到最舒服的状态。当然，这并不是在黑暗的悲伤里的人们经常能做到的。他们会在心痛中坠落，在最应该对自己温柔的时候，不断地忽视自己的感受。

当感到悲伤时，我们常常会忘记平时对自己的照顾。有时，那些陷入深深的悲伤里的人会忘记吃东西，睡得太多或睡得太少，无法洗澡，有时甚至无法刷牙或迈出家门。对于那些正在经历丧失的人来说，照顾不到自己生活中的那些或大或小的部分是正常的，也是很常见的，因为悲伤是如此令人震惊和难以承受。他们的内在世界会变得暗淡，他们会感觉身处一片废墟之中，并自暴自弃。虽然这些都是悲伤的典型反应，但我还是邀请你来考虑几个小小的建议，或许这会让你更了解处于这段时期的自己。

通常我们自我照顾的根本原因，即使在我们已经筋疲力尽的时候，也大多是跟别人有关的。我之所以这样说，是因为我们中的很多人（尤其是女性），很难忍住不为别人做事，特别是在困难的日子里。作为女性，我们从小被教育要取悦别人，与此同时，我们的荷尔蒙也驱使着我们要去养育和滋养他人。结果导致，我们往往因太关心别人而折损了自己。最后的结局是：我们忽视了自己。你只需要去问一问那些与成瘾症做斗争的人的父母或家人就会知道，这些成瘾者得到的指令是，学会如何**从爱里脱离出来**（Detach with love）。这是一个经得起时间考验的指令，因为这样做的连锁效应是，你深爱的那位病态挣扎的人（最终）能够看清他/她的现实，学会为自己的生命负起责任。取悦和滋养他人是人性之光，但它们并不是用来阻碍我们身边的人的发展上的，更不能以消耗自己为代价。

通过被拉莫特称为**彻底的自我照顾**（Radical self-care）的练习，来加入自我爱护的行列吧。这对你身边的人也会是一个礼物。当你欣赏自己，把自己放在优先的位置时，你的内心会感到充盈，与此同时，别人也会因不再需要为你做什么而大大松一口气。你终于放过了他们，不再因为他们没有像你照顾他们那样照顾你而怨恨、指责。我们一不小心就会把我们能做到的，看作别人也应该做到的。随着你逐步向自我爱护的观念迈进，你将成为自己和他人的治愈者。当你为你爱的人做出榜样，让其看到你的价值，而你自己也觉得这些价值值得被好好爱护时，就会有一系列连锁效应产生。当他们看到你像对待一个挚友那样对待自己时，他们会不禁对你刮目相看。你给自己的身体、心灵和精神的爱与温柔，同时也给他们对你的照顾定下了一个基调。最终，你对自我的爱护也将巧妙地影响他们对待自己的态度。如果一个孩子的父母能够优先尊重自己，那么这个孩子也会比那些总是憎恨和忽视自己的父母的孩子更容易尊重和爱护自己。

如果你还不能很自然地对自我进行照顾，那么请先允许你爱的人这样做。我们都跟我们周围最亲近的人深深地纠缠在一起：朋友、孩子、家人、亲密伴侣。你所爱的人在看着你的一举一动，他们总会用你对待自己的方式来调整他们对待自己的方式。正因如此，我常在大自然中找到指引。

椋鸟是一种体型非常"娇小"的鸟类，总是结成庞大的鸟群飞行。为了保护自己免遭捕食者猎杀，椋鸟不仅成百上千地聚集在一起，还以一种同步性的模式飞行，即椋鸟的**齐鸣效应**（Murmuration）。这种椋鸟的齐鸣效应，看上去就像滚滚的烟雾，它在空中创造出了一种奇特的现象，仿佛一块晾在后院晾衣架上的在风中飘动的深色巨大床单。椋鸟的齐鸣效应迷惑了捕食者，确保了自身的生存。当捕食者锁定其中一只椋鸟作为攻击目标时，它周围的每一只椋鸟都会向它聚合得更加紧密，代替它迷惑捕食者。一旦嗅到威胁，离捕食者距离最近的那只椋鸟就会启动一套机动的战术策略——稍微倾斜翅膀，转一下头，或是减慢速度——向其他椋鸟释放危险信号以脱离险境。以此类推，另一层鸟群也会采用同样的策略。每一只小小的椋鸟随时都会对7只离它最近的椋鸟保持关注，并跟随它们飞行。

这些飞行者队列移动的速度比飞机还要快10倍，鸟群间如此地同步，迷惑和瞒过了捕食者。它们彼此间通过敏锐的同频，模仿其他鸟的飞行模式，并把这些变化编辑成信息传达给身边的每一个同伴。这些信息可不仅仅是告诉对方要如何行动，还是瞬间定生死的英勇公告。本质上，如果你关照自己的需要，你就会创造出一个齐鸣效应，挫败和扰乱你生活中的"猎鹰"。

也许，你早已深陷丧失中，不习惯照顾自己了。或者，你像我的很多来访者一样，在生活中把孩子、家庭、事业、伴侣、工作、学历放在了自己前面。这所有的一切都在消耗着你的能量，而没有为你提供等量的能量补偿或为你注入新的能量。又或者，没有人教过你如何优先考虑自己，也许你有一个自我牺牲的母亲，让你以为受苦受难就是活着的唯一方式。或者，当你给自己一些时间的时候，你会感觉很内疚。又或者，你会自我憎恨，对自己的需要不屑一顾，就像你从小成长的家庭对你的需求也不屑一顾那样。所有这些旧的模式和行为都导致了你如今对自我的回避。而现在，你伴随着悲伤来到了这里。太完美了，我很高兴你来到我的身边。这个可怕的事件、你失去的东西，以及让你陷入悲伤的事情，都会帮助你最终在你的人生中划下一条分割线——你将第一次开始为自己而活……哪怕只是一点点。

悲伤带来的第一个礼物是：你会学着去认识、感受你的需要，并与之待在一起。然后，你会像满足自己的爱人那样，满足自己的需要。或许你从不认为这会发生，但很有可能，你的世界的崩塌会让你跟自己的关系出现曙光。这或许是一个因丧失而发生但不在计划内的积极影响。就像小小的椋鸟，当你或你同族的其他成员被心灵的敌人锁定时，便是你使用新的自我爱护策略，来为族群提供安全的时候了。

科比的妻子凡妮莎看到了这一点。她分享道，她的三个孩子此刻非常需要她所有的爱和支持。她克制自己，让自己保持感恩，关注丈夫科比和女儿吉安娜的生命而非他们的死亡。在悲伤的过程中，我们很有可能感觉失控，尤其是当丧失是突然的、意外的，且毫无预兆时。如果想重新找回平衡，安下心来，最重要的是去看看我们可以从哪里获得一些掌控感。你可以掌控的事情包括如何照顾自己以及之后你要做些什么。现在，就让我们来看看如何让这一切发生。

创造"页边空白"

我发展出了一套我自己的自我照顾仪式。当布琳·布朗（Brené Brown）需要优先考虑自己时，她使用被称为**许可单**（Permission slip）的东西来获得能量。我把这叫作**拥有页边空白**（having margin）。重新获得对生活的掌控感的方法之一，就是去为自己创造"页边空白"。理查德·斯文森（Richard Swenson）在他的著作《页边空白》（*Margin*）中写道："'页边空白'可以修复情绪、身体和财务状况，为我们超载的生活留出一点时间。"就像你正在阅读的这一页书，在文本的四周，必须有那么一块空白，不应该有任何字出现。这块空白往往只有几厘米宽，边缘的白色区域显示，文字在此处结束，空白的空间从此处开始。这个空白的空间是为了让读者的眼睛在读下一行文字之前得到休息。时不时会有读者会在这空白处涂涂画画，或将页缘的顶端翻折起来，标记他们阅读到了这里。当一本书成形时，这里大多数时候会被用来标注页码、插入注脚，以及装订和快速翻阅。如果你正在读一本书，书中的文字密密麻麻地布满页面，连页码、章节标题，或者写一两个笔记的空间都被挤没了，你会有怎样的感觉？大部分读者可能会很失望或感觉太有压迫感，再也不想阅读一个字了。那么即便这本书要传递的信息非常重要，也会因为缺乏边界而被完全丢弃。

这个叫"页边空白"的东西看似无用，实则有很多用途。我们甚至在手机和邮件里都会使用它。你能想象当你在一个群里聊天时，所有人的回复都黏在一起无法分隔，是一种什么样的感觉吗？这只能会让每个人都感到困惑和失望。在一件事结束之后、开始之前，如果能有一个"空白的空间"会好很多；甚至，我们期待这能成为世界公认的一个做事准则。"页边空白"实在太常见了，以至于我们很多人都注意不到它，就像高速公路上划的线那样，无人会特别留意。我们没有说出口的期待是："它们应该永远在那里。"一旦它们不在，我们就会感到非常慌乱。

"页边空白，"斯文森说，"是我们自己和我们所能承受的极限之间的那个空间。"但是太多人缺乏给自己喘息的空间的能力，缺乏在自己生活的"书页"里留下一些空白部分的能力。当生活遇到挑战和冲击时，我们就更容易忽略那些关乎自身存在的空白空间。当严重的伤害和丧失发生时，那些空白的空间就会在记述着"我们是谁"的书页里严重"缩水"。

在构建生活的过程中，我要拥有足够的"页边空白"，来练习我的自我照顾习惯。有时候，我的"许可单"或"页边空白"是泡一个暖暖的澡，在沙发上用柔软的毯子把自己包裹起来，穿上某套睡衣，然后早早上床睡觉。另外一些时候，在终于推进并结束一个项目后，我会给自己的心灵放一个假，因为我知道自己又在待办事项清单上划掉了一条。当然还有一些时候，我会为我的需要负起责任，我会让我周围的人知道我怎么了。当我感受到悲伤给我带来的影响时，我会诚实地告诉我的家人们，但确保我的感受不会把他们压垮。例如，如果有人问我怎么了，拥有一部分"页边空白"意味着：诚实且具体地回答他。如果我有一个难熬的夜晚，我可能会说："昨晚我没有睡好，所以今天也许我会打个盹儿。"如果丧失的感觉很强烈，或者我在纪念那个事件并在处理其中的悲伤，我也许会说："我感觉有点低落，我需要做点什么来照顾我自己。我会这样做……然后我就能好起来。但我只是想让你知道，我感觉自己不在状态。"于是，所有了解我的人都会知道，他们不需要再为我做什么了。我不会紧紧抓着任何人不放，让他们照顾我。我并不指望他们替我解决难题。我可以为我自己的状态负责。

在第 1 章，我提到社会是如何应对悲伤的：我们太关注要有所产出，以至于没有多少空间来留给糟糕的一天。我可以拼命逼迫自己，但是我知道逼迫会让我生病。回避悲伤、把"完成任务"作为目标逼迫自己，以及为所有人把一切做得尽善尽美，让我灾难般地大病了一场。我当时完全没有意识到自己怎么了，因为我不断地把自己放在很靠后的位置。因此，我也付出了代价。每个人都会付出不同的代价，我的代价就是病痛。可能其他人付出的代价是毒瘾、不忠，或是其他人难以跟他待在一起。

你的悲伤总会溢出，不是从这里，就是从那里。不要再忽视和轻视自己了。在丧失的故事线中，我们何不一起来做一个照顾自己的计划呢？在这个故事里，如果你能拓展出一点点空白的空间，事情就会变得容易一些，你也能活得轻松一点。但是首先，我们要谈谈在这个过程中你会遇到的重要敌人：内疚。

停止内疚

当我们开始踏上远离自我忽视的旅程时，我知道伴随而来的强烈内疚感会把大多数人推回自我回避的老路上。

别理解错了：把他人放在第一位、为我们爱的人付出、好好工作、做事有始有终，以及让家人和朋友幸福，对我们的家庭和群体的生存都是非常重要的。我要谈的并不是当你搞砸了工作、破坏了规则、违背了你的价值观或伤害了你爱的人时的内疚感。如果内疚是在提醒我们，我们不再正直和有道德，它可以被当作汽车仪表盘上的指示灯，告诉我们什么东西不对劲。在这里，我所指的"内疚"是：当你已经承担了你的责任后——为你的孩子、雇主、客户、父母或配偶——现在你想把一些时间留给自己，即当你对一个又一个承诺说"不"的时候，你感觉到的内疚。这是当你为自己多做一点，不再一味地为别人付出的时候，你的内在指责自己的声音。大多数女性都是"驮兽"。如果有任何人需要她——特别是好朋友、邻居或者家人——女性便会让他人的需求凌驾于自己之上。因为我们需要外界来告诉我们，我们是好人。事实上，做一个好邻居对我们来说是很重要的。因为比起意识到我们自己的需要，我们更容易被内疚的潮水淹没。正因如此，我建议还是让"内疚"

来带领我们走下去。

当你准备好要练习下面的任何一个技巧时，内疚的念头都会接二连三地向你进攻，劝诫你放弃练习。这是一个好消息！因为你"触礁"了。要了解我们什么时候在自我忽视，以及我们的边界在哪里，最好的方法之一就是知道我们在什么时候、会因为什么而感到内疚。

我并不是要让你忽略自己的责任，我想建议的是，你要为自己担负起更多的责任，为你的需要、为照顾你自己担负起责任，而不是把自己耗干，还去责怪你周围的每一个人没有看见你的挣扎。这是你的人生。是时候开始重构它了。你可以去觉察，你是如何出于内疚一次次地忽视自己并退回到自我牺牲的模式中去的。每当内疚感打击你时，就让这个感觉提醒你：继续坚持下面的练习——你正行进在正确的道路上！

创造你的"页边空白"

以下是一个结构化的列表，列表中罗列了一些自我照顾的工具。它将帮助你在你准备好的时候为自己拓展出更大的"页边空白"。

PLEASE 技能

PLEASE 是由六个自我照顾技术单词的首字母组合而成的，这样更容易被人记住（例如，你练习"PLEASE"了吗）。PLEASE 技能源于辩证行为疗法（DBT），这一疗法旨在教人们如何活在当下，发展出健康的方法来应对压力、调节情绪、提升与自我和他人的关系质量。PLEASE 技能的目标是：让你行动起来，进行自我照顾。这六个字母与其背后对应的六个不同的方向，意在让你最终把它们当作一个整体来练习。对一些人来说，要一下子练习这六个方向可能并不容易。因此，就从你觉得可以的地方开始练习吧。而对另一些人来说，这个练习实在是一件轻而易举的事。太好了！请往下读一读，继续深入你的练习，跟自己做朋友吧。

P：照顾你的身体——沐浴、刷牙、洗头、洗脸、穿干净的衣物。

L：治疗你可能患有的所有病痛。如果你有咽喉炎或身体上的疼痛需要看医生，快去。如果你需要做心理咨询，快去。请按医嘱服药。去见你的牙医。

E：规律饮食。尽量保证每日三餐均衡，外加一点零食。少糖少盐，吃健康的和有营养的食物。

A：避免服用会改变你的情绪或心境的物质或药物。同时也避免"回避"。回避是一种生存模式。你或许会回避一个艰难的对话、回避照顾自己，或者回避支付账单。但回避是没有好处的，避免回避对你才真正有益。

S：睡眠。需要的时候就休息，即便这意味着你要在白天打个盹儿。给你的身体充足的睡眠。有很多研究表明这样做有好处：如果你无法入眠，你可以进入一个黑暗而安静的房间，躺下，闭上眼，深呼吸。即使你没有进入深度睡眠，但是你的大脑也能够被清空和被重启，让你感觉得到了休息。

E：锻炼身体或做拉伸。用一个舒服的方式动一动身体。开始时先定一个小目标，每天至少运动或拉伸 20 分钟。

假如你已经在练习 PLEASE 了，而你依然感觉每天都很难熬，或者你感到非常抑郁，哭不出来，也无法从床上爬起来，又或者你同时面临其他生活中的问题，如遭遇财务或关系危机，这时候问题的严重程度便升级了。但无论如何，你首先要做的是：呼吸，只是做几个简单的深呼吸。被沉重的情绪压得无法动弹，这在遭遇丧失的过程中是很正常的。你也许还没有准备好动起来。没关系。等你准备好的时候，我会提供以下步骤给你。

- 去见你的咨询师或给你安全感的老师。
- 参加一个跟你的丧失主题有关的支持团体。
- 如果你的预算允许，去做个身体按摩或脸部护理。
- 停下你手里的活，休息一会儿（15 分钟到 2 个小时）。
- 给自己放个假，以及 / 或者请别人帮忙照看小孩。
- 如果你的悲伤太过强烈，让你感觉走不出来，去找一个你信任的人了解你的状况。

我的"页边空白"

我列了一个这些年来我自己亲测有效的练习列表，共有九条。当生活把我逼到悬崖边时，我会借助这些练习来帮助自己重新"站稳脚跟"。如果你愿意借鉴我的方法来创造自己故事中的"页边空白"，那么试试看：

- 多花点时间待在双方都感到满足的关系里；
- 早早上床入睡或尝试睡个懒觉；

- 泡一个长长的、热热的澡；

- 在沙滩上散步，或者在森林中漫步或徒步，做个森林浴；

- 为自己的工作日程设定期限；

- 当感到恐惧时，把手掌放在自己的胸口上，练习对自己慈悲；

- 索要或接受身体上的爱（拥抱、牵手、被紧紧地抱住）；

- 有意识地觉察自己的精神世界；

- 尽可能多地放声大笑。

简易版的自我照顾

你也许会想，照顾自己要花很多钱，但事实并非如此。泡个澡、小憩一会儿、跟朋友打个电话、散步、阅读、写日记：这些没有一样需要花钱，也不需要花费很多时间。我知道很多人都能从很小的事情中得到很大的安慰：为自己铺床或沐浴就可以让他们准备好开启新的一天，即使他们还要在家里工作。这些小小的仪式会让人们感觉良好，这非常重要。

快速心情转换法

如果你还没有走在丧失的黑暗回廊里，而是更多地处在**"还好"的阶段**（"Meh" phase），并且你只是想要感觉再好一点，这里的一些快速转换心情的方法也许恰好是你需要的。你已经在之前的内容中了解了悲伤反应的表现，那么下面的这个列表将对你很有帮助。

- 看一张最喜欢的照片
- 看一些搞笑视频
- 读有启发性的名言或诗句
- 听舒缓的音乐（我有一个舒缓情绪的音乐播放列表）
- 创造或观赏启发人心的艺术
- 书写你的体验
- 与动物和大自然连接
- 欣赏美丽的夕阳
- 在树林里散步
- 花时间跟宠物玩耍
- 在花园里工作

"允许" 的技能

允许你自己告诉别人，你有多么爱他，多么欣赏他，多么关心他。很多道理都鼓励我们，对那些我们爱的人说出自己对他们的感觉。我们可能会很感激某人或很欣赏某人，但是我们通常不会用这样有意义的方式跟对方交流。照顾自我、满足自我、放空头脑最好的方式之一，就是与我们爱的人连接，并且告诉他们，我们爱他们什么。寄一张感谢卡或者发一段友善的文字给他们，拥抱他们，让他们知道今天的你有多么感激他们。

允许自己给予或接受随机的善意举动。善意的举动是什么，由你自己决定。例如，如果你在开车，你可以为下一辆排在你后面的车支付过路费。同样的事也可以发生在杂货店。如果你看到一位送货司机、急救人员、医生、警察、护士或消防员正在公共场合吃东西，你可以帮他们买单，请他们喝杯咖啡，或者只是走过去对他们说声"谢谢"。

允许自己找到信仰。这里我说"允许"是因为，在经历丧失时，我们有时会卡在自己的信仰里。你拿起这本书翻阅的原因也许就是你对信仰的理解已经无法支撑你渡过悲伤了。你可能会感到在信仰里很沮丧，随波逐流，无法再对其升起强大的信心。如果灾难让你开始对你的信仰产生怀疑，你可以试试以下方法：

辩证行为疗法中的一个概念**智慧心智**（Wise mind）或许可以跟你的精神思考发生连接。智慧心智被定义为**情感心智**（Emotional mind）和**理性心智**（Reasonable mind）的交汇，是一种能同时看到情感和理性二者的价值，并行于中道的能力。当我们启动自己的内在智慧时，我们会说我们正处于智慧心智中。今晚，当你要上床睡觉的时候，请试着向你的智慧心智提出一个问题。你的智慧心智，你内在本能地追寻更高智慧的那一部分，也许会给你一个答案，让你醒悟。

当你早晨醒来后，请让你的思绪停留片刻，重新回顾你昨晚的问题。当你再次聆听自己的问题时，去看看那个回复对你有没有用。你听到了自己的内在给出的那个答案的回声了吗？那个短语或单词好像有点道理？也许你听到的是你想去山里徒步的愿望，也许你听到的是在平和与安详里静坐，也许你听到的是去觉察围绕着你的美丽与辽阔。你注意到了吗？你是如此地渴求信仰。如果有一些词语"咕噜咕噜"地从你的心里冒出来，这不就很像在祈祷吗？

携带着这些问题去体验智慧心智的历程吧。我想要鼓励你继续浇灌它们，因为它们是你心中正在发芽的种子。我喜欢作家迈克尔·辛格（Michael Singer）所说的，"信仰"是一种体验，而不是一个研究、一篇论文、一座建设或一场辩论。你的智慧心智可能会指引你去做一些事情，去一些地方，来体验你心中的"信仰"。

另外一些我允许自己做的事

- 进行我的信仰仪式
- 坐下来祈祷，即便我没什么话要讲的时候
- 与跟我有同样信仰的团体成员聚会（线上或面对面）
- 聆听能够启迪我心灵的赞美诗或歌曲
- 待在让我感到敬畏的地方
- 静观我的信仰的象征或符号

我们仍然可以对生活感到气愤，仍然可以逃跑，仍然可以去惩罚那个应该为所发生的一切负责的人——与此同时——我们也要在我们的信仰中找到慰藉。这两者是可以同存的。请允许自己给予它们空间。

给哭泣一个专属时间

留一个时间让自己哭泣有助于我们的生命正常地运转。因为我知道我的哭泣时间即将到来，所以我能够把这一整天的重担都扛下来。通过给自己空间和时间悲伤，我确认了自己有一些需要要处理，有一些沉重的情绪要释放。例如，我会告诉自己，从下午五点到六点，我要走进我的卧室，等待、哀叹、痛快淋漓地哭一场。这感觉实在太疗愈了。当我把感受和需要放进一个个有限的时间段里时，就像把它们放进了一个个"时间盒子"里一样，我就感觉它们没有那么吓人了。"时间盒子"让我们在一段特定的时间内被允许尽情地去感受我们需要感受的一切，并且我们会知道，我们不会永远停留在那些感受里。

当我给自己一个时间段来感受我的悲痛时，我感到它们在其中被很好地涵容了，我因此而感到非常安全。我现在知道的是，我的丧失需要一个出口，否则它们就会在我的心里堆积，给我带来伤害。就像接在户外水龙头出水口处的喷水胶管一样，我的情绪水龙头被拧开了，但是胶管的管口却被封住了；于是我承受的压力和强度越来越大，总感觉会有向外喷溅的一刻。如果我不把这些压力都释放出来，我将无法维持正常的功能和思考。

试一试

给哭泣一个专属时间，并在家里指定一个"悲伤空间"。我们通常会在日程表上定好做所有事情的时间段：理发、跟老板开会、见朋友，甚至带我们的宠物去美容院。何不为哭泣也安排一个时间段呢？

哭泣衣橱

情绪是我们生活仪表盘上的指示灯。多年以前我就知道，大哭一场对我很有治愈效果。每当我尝试对抗我的情绪或强行让自己不感受到情绪时，都会事与愿违；最终的结果是我被情绪彻底淹没或出现一些生理上的病痛，又或者我的情绪会变得大起大落。然而当我觉察到自己的情绪，给它们一些存在和被感知的空间时，虽然我会在那一刻感觉自己好像被掏空了，但是最终我会得到抚慰并释怀。

我卧室里的衣橱成了有点像我的情绪产房一样的地方，所有沉重的感觉，我都会在这里释放出来。虽然我所有的孩子都见过我哭泣，我也不会为我的眼泪和其他强烈的情绪感到抱歉，但我还是尽量不让我强烈的感觉把我的家人吞没。我自己的感觉以及我要如何处理它们，是我的责任。我有几个方法来处理它们，在这本书里你已经读到很多了。我可以调用任何一个方法来处理它们，并理解为什么它们在这里出现。

我处理悲伤的其中一个方法是让那些巨大的悲伤在我的内在流动起来。我会设定一个时间，在一个地方对它们进行深度倾听：那份悲伤为何存在。我会把它从我的内心深处带出来，聆听它要向我传递的信息，见证这个过程，然后再给它一个安全的通道，送它离开。哭泣有时候是关于某个人或某件事的。另一些时候，哭泣是一种压力的释放。但无论基于什么原因，我总感觉这对我来说是一个被清洗的过程。如果专业整理师近藤麻理惠（Marie Kondo）在我身边的话，我和她可能会同时说："谢谢你，悲伤、遗憾和丧失。我得到了你优质的服务，在失去、反思、成长和改变的路上，你帮助了我。现在，我要把你清理出去了，你必须离开，因为只有这样，我才可以为那些让我怦然心动的新事物腾出地方。"

在我们家，我们一致认为"好好地哭一场"可以清理心灵的杂乱无章。我会让我的孩子们明白，我只是在照顾自己，感受我的感受，所以他们无须担心我。我也会让我的丈夫在我开始哭泣、哭泣中和哭泣后，都知道我需要的是什么。

设定一个允许自己哭泣的时间，并为此指定一个特别的地方，同时让自己关心的人了解自己的需要，绝对是一个照顾自己的好方法。我常常观察到，丧失带给我的压力和挣扎，经常会在我跟我的身体进行对话时再次回到我的意识中——我会意识到我肩膀的疼痛、偏头痛以及明显的活力下降，或者意识到自己胡思乱想、悲观厌世。这些全都是给我发出的信号，提醒我必须去觉察我内在的压力，并把它们释放出来。

因为我会抽出时间来让自己在这个神圣的空间（哭泣衣橱）里好好整理情绪，所以我知道我不会一直难过下去，不会永远被"坏"情绪的乌云笼罩。正因如此，我和我的家人都相信我们每个人都有能力面对和处理悲伤。过去，当我的孩子们听到我在房间里哭泣时，他们会非常担心和关心我。他们会不知所措，不确定我有没有事。我的丈夫会觉得我不太对劲，他会认为一定是他做了什么伤害我的事，或者我正在受苦，需要他的帮助。有时候可能的确是这样，在一段关系中，无论两个人在一起多久，我们的伴侣或爱人都会或多或少伤害到我们，而我们自然的反应就是难过和哭泣。这时候你能送给你爱的人们的礼物就是：一本关于你的悲伤的指南书，尤其是让他们知道你什么时候需要什么或不需要什么。

当然，我知道并不是所有时候你都能把这类事情规划得那么好，这也取决于丧失发生的时间点，有时候你可能真的找不到能够涵容你的痛苦的方法。但是如果我们继续尝试做这个练习——有意识地倾听自己，觉察自己的需要并让身边的人知道你的需要——不是也很好吗？

警示胶带

尽管我们描述了很多处理情绪的办法，但还是会有时候——如好几天或好几周——你的痛苦、伤心、甚至愤怒的情绪会让你无所适从。在经历悲伤和丧失的时候，这是意料之中的。在我们家还有一个练习，我们会在家里划出一片区域，并告诉其他人："你可能会想要在我周围贴一些'警示胶带'，因为我感觉很不好。我可能会很暴躁，会大哭，甚至会对你们大打出手。我想提前说声抱歉；但我已经尽力了。"基本上，我们都会达成共识，那个时候不适合有任何人在此人的旁边，他 / 她也不想伤害任何人。每当家里出现"警示胶带"类型的对话时，所有人都知道要给那个人一些空间，不要去在意或不要太在意他说的话。如果家里有人正在受某些事困扰，我们也会允许此人表现出大约为期三天的"像感冒了"的行为，让这个跟困难拼命较劲的人放松下来，慢慢地有能力开口跟我们说话，从任何地方开始都可以。如果还是没什么效果，我们会给他／她盖上毯子，或者做他／她最爱吃的食物，用温和柔软的语言跟他／她讲话；如果他／她准备好了，我们还会拥抱他／她。这当然也是芬奇家族的宠物们开始发挥作用的时候。

宠物的抚慰

在我们家，几乎每一天都会有一只猫咪或狗狗卧在我们的大腿上、躺在床上、趴在我们身边的毯子上，或者跟我们一起在房子周围散步。跟我的宠物们在一起，是所有自我安抚的方法中我最爱的一个。它们帮助我建构了我的心灵。我把**心灵的建构**（Soul-building）定义为：在一个把你撕碎、掏空、烧毁的遭遇里，在心灵的废墟中，你存活了下来并最后从中走出来的过程。所以这里的重点是：在这个崩塌的过程中，我们遭遇的悲剧并不是要毁灭我们的心灵，而是让我们从中创造出一些新的东西。作家和商业领袖雷·达里奥（Ray Dalio）说："痛苦 + 反思 = 进步。"在芬奇家族里，这些毛茸茸的"四脚兽"可当真是这一过程的促成者。如果说痛苦带来了进步，那么在我们家，宠物也提供了辅助作用。它们的滑稽和顽皮制造了无数的开怀大笑，跟它们玩耍带给了我们许多个小时免费的欢乐。在我们难过时，它们安慰我们；在我们孤独时，它们陪伴我们；在我们闹矛盾时，它们也在我们中间充当润滑剂。

宠物就像我们的家人一样。我们从动物流浪收容所领养了一只4千克重的吉娃娃贝拉。在它刚闯进我们的生活中的时候，谁也不知道它将陪伴我们度过糟糕的2020年，不仅包括影响了我们每个人的大流行病、暴乱和政治巨变，还有达林哥哥的自杀以及他父亲几个月后的因病去世。当坏事接二连三地打击我们时，贝拉天生的敏感和它总是想要与人拥抱的特性，正是当时我们每个人都非常需要的。

小狗心智

有一次，在经历了一段痛苦而悲伤的日子后，我的头脑和思绪一度陷入混乱，我感觉自己跟现实脱节了。那时我们刚参加完我儿子最好的朋友科林的悼念仪式，这个像我自己的儿子一样的孩子，在一场车祸中意外丧生，车祸就发生在他离开我们家5分钟后。当我回到工作中后，我的三位来访者又先后在同一周内死亡。我彻底麻木了。我一直在做自我照顾列表里的那九项练习，可我依然感觉内心非常空虚和沮丧。我的丈夫对我说："我很担心你。你好像变了一个人。"很多时候，我们能做的可能就是接受我们当下的感受就是悲伤的一部分，但是对于当时的我来说，我需要更多。我决定停下手中的工作，给自己放一个假。

在假期的好几天里，我都带着我的狗在海滩上散步。当时二月寒冷的天气也无法阻挡我。虽然天气很冷，人们仍然会来到加利福尼亚的海岸，希望在这里放松头脑、治愈心灵。我也慕名前来，希望这里会对我有点帮助。我需要一些新鲜的养分，打开我的身心，帮助我恢复思考的能力。

我和贝拉下了车，一起走向阴冷的海滩。它兴奋地拽着拴着它的皮带，给了我一个继续往下走的理由。下车以后，我们就看到了那带有标志性的太平洋海岸线，我们顺着沿途的高速公路延伸下来的水泥台阶一路朝大海走去。

我和贝拉来到了"亨廷顿狗狗海滩"。这片海滩大多时候都风平浪静，在一周的任何一天里，主人们都不用给他们的爱犬系上狗链，它们可以跟主人们一起在海浪里或沙滩上嬉戏玩耍、奔跑、晒太阳、散步。当我停下脚步去拿狗袋时，我环顾了一下四周后发现，这个昔日总是很热闹的南加州"游乐园"

现在却异常荒凉。当我和贝拉走过海滩上层柔软的沙子，来到海水边缘的时候，我们的脚都抬了起来。贝拉突然一跃而起，向前方飞奔而去，仿佛在这里突然获得了自由，高兴得快爆炸了。它摆脱了狗链和项圈的束缚，它那小小的、棕色的脚步充满了喜悦，它在沙子里拼命嗅遍所有新鲜的东西。我把裤腿卷了起来，向海岸线走去。当我向贝拉的欢乐靠近时，仿佛有一束光在我的心里亮起，我多么希望它的喜悦可以回向给我，让我把心中的压力都释放出来。

我已经出走三天了，在这三天里我一直在伤痛中寻求安慰。但是即便走在海滩上，我还是感觉发狂似的心烦意乱，就像空腹喝了四杯黑咖啡一样。事实上，我并没有喝咖啡。牵动着我的神经的是来自我的来访者的坏消息、失去科林的钻心之痛以及我对未来可能会有更多灾难降临的担忧。我一直提心吊胆，因为我想知道另一只鞋子什么时候掉下来（意为不知道下一次灾难什么时候降临）。刚到海滩时，我的神经平静了一点，但几分钟后，我的思绪又开始烦乱起来。我能感觉到当我忧虑的念头再次来袭时，我的心脏开始怦怦乱跳。我的身体和心是同步的。恐惧的想法让我紧张，而我的身体对此的回应是，我的心脏跳得更快、更用力了。心脏跳得越快，我就越恐惧。我周围的一切都没有改变，除了我头脑中群魔乱舞的念头，而其中没有一个是符合现实的。这只是一个在我的思维和身体之间的反馈环路。就在这时，我想起了我教给来访者的一个概念：**正念**（Mindfulness）。

一堂正念课

为了安抚我的心烦意乱，我想到了正念练习，它以"禅定"或"止观"这些古老的传统为基础，我把它称为"现代版的心灵解药"。这个练习训练我们不断地让一个个念头安住于当下，来疗愈和修复我们的心灵。这个训练的原则是：要求我们觉察我们所在的当下，除此之外，再无其他。当我们安住于"当下"时，所有对过去的悔恨以及对未来的担忧都会烟消云散。

如果没有经过训练，我们的心智就会像年轻的小狗一样：躁动、迅速、总是咬住不该咬的东西不放。我想把这叫作小狗心智（Puppy mind）。在小狗心智中的我们，总想咬住过去的伤痕不放，对没有发生的未来无比担忧，总是沉浸在与现实不符的恐惧以及灾难般的幻想的投射里。

作家迈克尔·辛格说："在真正的成长中，没有什么事情比意识到你并不是'你'，而只是你在脑海中听到的'那个你'，来得更重要了。"

埃克哈特·托利（Eckhart Tolle）对此回应道："真正的解放是，我知道了在我头脑中的那个声音不是'我'。"你看，在我们的心智中真的有"两个自己"：一个是发生本身，一个是觉察在发生什么。我不打算在哲学层面对此再深入讨论下去了。对该领域做全职研究的作家已经出版了非常多的书籍。我想要表达的是，一旦我们意识到我们的念头不是真正的我们，它们不是永恒不变的，而我们是可以改变、工作、修改、提高、停住，以及控制的……我们的生活会变得更好，可能会好非常多。这就是练习正念的益处——我们可以看到我们内在发生的一切并不如我们所愿，而我们之所以会受伤正因为此。一个野生的小狗心智是可以被训练的，而每个人都会乐见其成。

要想训练小狗心智，最好的方法就是为它拴上一条狗链。举个例子：对于一只新来的小狗，大多数主人都会设立边界，告诉它在哪里睡觉、吃饭、玩耍、排便。新来的小狗还会去上小狗课堂，学习如何服从主人、自我保护以及与家庭中的其他狗做好朋友。通过这样的教学，小狗会知道做什么以及怎样做可以既安全又玩得开心。同样，这些也是我们要对我们的想法做的重要之事。当我们买狗链、柳条箱、栅栏还有磨牙玩具给我们的宠物时，我们却没有为我们自己的想法设立边界。从当今的研究看来，我们文化中的焦虑和抑郁的普遍性便足以证明这一点。而正念是一个帮助你驯服自己的小狗心智的方法。

通过告诉我们的心智每时每刻该想什么，我们就可以控制思想的流动，切断负面的想法，甚至转换我们的心境。但就像在狗狗学校里一样，这是需要练习的。在正念的帮助下，我把我的思想用"狗绳"拴在了这一天，在这片海滩的这一刻。我做了一个深呼吸，让自己安住了这一刻以及我身体的感知。

时间一秒一秒地过去，我迈开脚步，开始在海边行走，我对自己说："好吧，与当下的你自己连接吧。这是第一步。只是去觉察你在哪里，然后去感受当你走路时，你的脚底板踩在潮湿而坚实的沙子上的感觉。感受这冬季的寒冷空气的扑面而来，倾听那海浪的翻涌，看着狗狗们玩耍。安住在此时此刻。其余的就交给以后再说吧。"我明白，正如正念之父乔·卡巴金（Jon Kabat-Zinn）所说的那样，与自己做朋友的唯一方法就是，去觉察内在的自己正在发生着什么，而这个体验即正念。

当正念的思想在我的脑海里闪过时，我便觉察到了自己在当下正有意识地跟随各种各样的事物。忽然间，我的练习中加入了觉察在天空中飞翔又俯冲向海面的海鸥。我关注了它们几分钟。接着，我的眼球又被三只围着主人相互追逐的小狗吸引。我惊叹于其中两只小狗如何欢跳着、追逐着彼此并跃进海浪里，而剩下的一只小狗又是怎样灵敏地躲过了溅起的水花。我注视着远方的一群冲浪者，他们黑色的轮廓映在海面上，在平静的海面上他们摆好姿势，准备着迎接一波海浪的到来。我让自己的注意力停留在那里，提醒自己的心智一次只能容纳一个念头。于是，那些在我的身体、骨血和思想里的惊恐、不安和要大难临头的感觉也不得不暂时在海岸边停靠。我持续注视着那些冲浪者，研究他们的姿势，看到他们迎着海浪弹跳起来，至少整整五分钟之久。我一秒一秒地把所有的一切，声音、气味以及狗狗海滩给我带来的感觉都吸收进我的心智里。虽然五分钟没那么长，但是也足够帮助疗愈我那一天的心灵了。让我感到惊恐的念头不见了。

当我把注意力又拉回到自己的身体时，我早些时候的思维模式，那些让我感觉像烈火般燃烧的感觉，现在也消失了。我的呼吸频率自然地变慢了，我能感觉到我的心跳变得更为柔和，被一种从我的内心深处升起的幸福感取代。一分一秒地吸收我在这片海滩的体验，仿佛成了我心灵的节拍器。我的整个系统都被调和到了一个均衡、平稳的节律中，终于，我感受到了安全。

所以，几乎每一次当家里有人需要把其内在的东西转化为外在的什么东西时，我们的练习——有意识地哭出来（大部分时候是我）、给予空间、警示胶带、"像感冒了"的三天、宠物疗法——都会在我们需要的时候被使用。众所周知，我会帮我的孩子们向学校请一天假，我称其为"心理健康假"。如果需要的话，我还会跟他们一起放假。虽然当大事不妙时，我们也会逼迫自己、回避痛苦、假装"没事"——这些应对方式的确都会出现，有时候我们也不得不这样做——但是给自己多一些"页边空白"，让痛苦在其中得到呼吸，然后再用语言去述说它，并且练习正念，已经成为我们家庭的价值观的一部分了。

走出悲伤的黑暗深渊

小狗心智还会延伸出另外一个问题——有时候我们只是感到悲伤，我们会很难过、怅然若失、哭泣、感觉凄凉、躺在床上睡觉、忍受毁灭的折磨，并让别人替我们负责；然而，如果悲伤的感觉强烈到无力招架（这种感觉或许关于过去的某段负面、黑暗的回忆），我们就会**从现实的时间中溜走**（Time-sliding），或者出现**思维反刍**（Rumination）。这时候，学习与当下的自己连接，从而调整内在的自己是一个很好的练习。"从现实的时间中溜走"是指我们会不断地在脑海中回放之前的一段回忆，从而让我们感觉更糟糕。"思维反刍"是指我们在大脑中不断地重演某个与丧失有关的困境（如他们去世时的十字路口、宣布你离婚的那个法庭、你老板告知你被解雇了的那一刻、犯罪现场，或者那个人跟你分手的时刻）。"从现实的时间中溜走"及"思维反刍"都是正常的思维现象。但是，如果我们对过去的发生过于懊悔和绝望，那么它们也可能会变得很危险，而且没有尽头。这就是当有益我们成长的、正常的悲伤可能会变坏的时候。我们中可能有一些人比其他人更容易陷入沉重的情绪中。对他们来说，悲伤可能会很容易转变成无望以及/或者死亡。这就是悲伤的"黑暗版本"。

黑暗的悲伤更多地潜伏在一些人心中。我知道会有一些人在经历丧失后，开始盘算着自杀或已经付诸了行动。这就是为什么当你被"抑郁""沮丧"与"绝望"笼罩并持续很长时间时，找到一个应急出口是多么重要。我把这三个"同伙"叫作"D 字三兄弟"。我们也许会被它们一次又一次地打倒在地，但是当我们的脑海里变得只有它们的声音时，我们必须去尝试和实践另外一种思维方式。

接地练习

"**接地**"（Grounding）是一种在瑜伽练习中被使用的技术，同时也适用于冥想及呼吸法的练习，或是**默观祈祷**（Contemplative prayer）与心理治疗。当某人快要被一些想法或情绪淹没时，最重要的是帮助他与一些稳固和真实的东西连接起来——如地板、椅子，以及他们自己的身体。这样的练习，可以把汹涌的想法和情绪锚定在当下的某一点上，就像我在狗狗海滩时做的那样。在这样专注的状态下待上几分钟，我们的大脑和神经系统就可以平静下来并重新开始调整它们自己。

为了与自己连接，请试试如下这五个方法。

1. **重新让你的专注点只聚焦在你身边的环境上。**你身在何处、与谁共处，你听到了什么声音，周围的温度如何、视野如何，等等。

2. 在你身处的房间里找到一种颜色（如蓝色），然后再找到这间房里其他蓝色的东西，并专注地给它们一一命名。接着，再把你的注意力转移到红色、橘色、黄色上，以此类推。如果你的心智在这个接地练习中走神的话（这是会发生的，因为心智是一只"野生小狗"），请再次温和地把注意力拉回到这个练习上。你也许会不断地把自己的注意力拉回来20次之多，但是没关系。你正在锻炼一块新的"肌肉"——"小狗"正在受训呢！

3. 有意识地感受你的10个脚趾都踩在地面上。然后，用你内在的眼睛去扫描一遍自己的身体——从你的脚，到你的双腿，再到你的每一个身体部位，一直到你的头顶。再一次，将你的心智拴上"狗绳"，沿着这条路继续走。你的心智正在学习。

4. 练习有规律的呼吸。练习有规律的、缓慢且深沉的腹式呼吸。在普通的呼吸中，我们一般在1分钟内会呼吸12~14次。而在有规律的呼吸中，我们1分钟内只会有5~7次呼吸。有规律的呼吸是缓慢而平顺的，它足够深沉，使得你的横膈膜进行移动。有规律的呼吸的目的是：减少大脑中的压力化学物质，从而促进大脑的放松。

5. 改变你与自己的对话模式，告诉自己："我现在很安全，一切都会过去的。"如果有需要，请重复这句话。

附加应对策略

1. 在你的手机上下载并使用一个帮助舒缓情绪或做正念练习的应用程序。

2. 如果你发现自己不断地回忆负面的记忆、出现思维反刍、迷失在有破坏性的想法中或容易从现实的时间中溜走，或者你感觉自己完全动不了、起不了床或无法动身去做事情，请假设此刻你正一个人在房间里或一个人在家，现在就拿起电话，走出房门。迈出物理上的一步也是很重要的，借此你可以把自己的注意力锚定在你的感官体验上。不论是听听别人的声音、看看他们的脸，还是动动你的身体，都会帮助你摆脱头脑中的恶性节律，让你回到正常的悲伤中。

3. 接下来，请想象未来的你大概的一个画面，未来的你变得更加强大了。可能现在一切都还感觉模模糊糊，但没有什么比闭上你的眼睛——在那一刻——想象你能做到的积极行为的画面更重要的了。想象一下：你起床，洗个澡，走出房子的前廊，来到花园里，或者其他你想去的目的地。想象一下你想去的地方，你的大脑就会因此而感觉到那个地方带来的能量，并把你推向那个地方。如果悲伤的黑暗深渊让你感觉很危险和被动，那么这样做也许会让你在那一刻更容易感觉到自己有了那么一点主动权。

"过热点"

识别"**过热点**"（Hot spot）是另一个能帮助你处理悲伤的工具。在跑步者的世界里，"过热点"是正在成形的水疱，这通常是一个信号，预示着水疱可能在表皮下很深层的位置，并且会非常痛。经过跑步者的鞋子日积月累地摩擦和挤压后，尤其在长跑中，"过热点"处的皮肤会开始肿胀疼痛。如果没有合适的覆盖保护，"过热点"会发展成一个有积液的小的皮肤损伤，让运动员疼痛并感到焦虑。心理层面的"过热点"是关于识别那些在丧失的过程中发生的心理创伤——这些创伤会引发我们非常复杂的痛苦以及被困在其中的感觉。

在我写完上一个部分之后，我从我的房间走下楼，伸展了下我的双腿，然后开始在脑海中酝酿下一部分的内容。当我正走到楼梯的一半时，我看到了在咖啡桌上摆放着的最新一期《人物》（*People*）杂志。查德威克·博斯曼（Chadwick Boseman）年轻而明亮的脸庞正注视着我。博斯曼饰演了影片《黑豹》（*The Black Panther*）里瓦坎达的首领特查拉，这部电影为漫威影业赢得了第一座奥斯卡奖。而在前阵子，我读到了他因结肠癌而去世的悲伤故事。随后，我在电脑上便看到了他发布在 Instagram 上的一段视频，但这段视频最终还是因为网上的恶意评论被删除了。

2020 年 4 月，他为一个与新型冠状病毒肺炎（COVID-19）抗争的公益组织发布了一段推广"42 号行动"的募捐视频。在视频评论区里，他的一些粉丝表达了他们对其体重大幅下降的担忧，并希望他能够好起来。但还有一些人，包括凶残、鲁莽的键盘侠和新闻媒体开始了一场网络霸凌行动，把"黑豹"叫成了"嗑药豹"（Crack Panther）。

关于博斯曼的体重下降以及这是因他吸毒所致的传闻和流言满天飞，迫使这位名人不得已删除了他发的视频帖。他没有公开他与癌症搏斗的消息，这个消息只有他的几个密友和家人知道。但是在他生命的最后几个月里，当他希望在与癌症搏斗了四年之后终于能得到一点平静时，那些在他的生命故事之外的人用了最恶劣的方式看待他，对他说出了最恶毒的话。

这些冷漠而残酷的言论导致悲伤的过程对他以及他身边的每一个人而言都更困难了。而当查德威克·博斯曼的家人们正深陷于言论攻击和悲伤时，他们会关心悲伤的心理模型吗？那五种情绪他们很可能都感受到了，但大多数时候，他们一定只是走在无尽的麻木和痛苦中。

他们亲爱的查德（查德威克的昵称）发出了一个邀请，敞开心为世界做善事，回报他的却是漫天的流言和诽谤。虽然时间也许可以治愈他们遭受的大部分痛苦（我也希望如此），但是他们失去了他们亲爱的查德，而且在查德去世前，他还被如此不公正地对待。也许这个悲剧将停留在他们的心里很久很久。而这也会成为这个故事的"过热点"。

"过热点"往往摸上去柔软而温暖，但是它让每一个跑步者在奔跑的过程中都体验到痛苦。我们的悲伤故事中会出现对我们来说格外困难或残忍的事情，就好像长在马拉松运动员脚后跟上的"过热点"。当我们面临丧失中的各种残酷处境时，如朋友或伴侣的背叛，伤人的医疗工作者，缺席、忽视或虐待他人的家庭成员，一个被释放出狱的犯人，或者在生命的最后几周所遭受的网络霸凌，这些"过热点"都是我们可以关注的。"过热点"让我们走出悲伤的道路变得更加崎岖和坎坷。而一旦我们开始展开我们的悲伤故事线时，令我们印象最深刻的往往就是这些"过热点"。创伤治疗专家巴塞尔·范德考克（Bessel van der Kolk）说："神经科学研究显示，可以改变我们感受方式的唯一方法就是，渐渐意识到我们内在世界的体验，并学会与之做朋友。"当我们识别出我们的故事的"过热点"，并开始着手做点什么时，我们才可以真正意识到这部分自我，与之成为朋友。只有这样做，我们才能够为自己松绑。

曾经一次连续好多天的住院经历让我筋疲力竭。那时候，家人们都没在我身边，我接受了好多药物治疗，我的心脏和肺部的情况却"从糟糕变得更加糟糕"。但有三件事情在所有这些经历中"脱颖而出"，成了那段日子里让我感觉最糟糕的部分（"过热点"）。

1. 一位住院医生犯的错误导致我呼吸停止，并差点送命。

2. 跟我同病房的室友在我搬进去的第二个晚上，试图自杀。

3. 一天夜里，一位医院的运输人员把坐在轮椅上的我单独留在了 CT 扫描室外的走廊里整整两个小时，而且他还

　　告诉我太平间就在走廊的那一头。

　　在心理学界，专家将这些事件称为**创伤体验**（Traumatic experience）。是的，它们确实成了我的创伤体验。但同时，它们也加重了我原有的创伤——即我成为一个没有家人陪伴又那么年轻的心脏/肺功能衰竭的病人。我的来访者们也跟我谈起过他们的"过热点"经历。举个例子：一位母亲劳伦在一天晚上打电话告诉我，她24岁的女儿去世了。她从女儿的公寓里打电话给我，说她清晰地记得当时警察不允许她去看她女儿的尸体。她被迫不能接近女儿，只能眼睁睁地看着医护人员把她女儿的尸体放进尸体袋，再把尸体袋推出走道，送进救护车。

　　对劳伦来说无法想象的是，她竟然不能最后再看一眼这个她给予了生命的孩子，再摸摸孩子的脸。在那个可怕的夜晚发生的所有事情中，这个委屈对她来说是最难以承受的。她为自己在那一刻没有坚持要求见女儿最后一面而感到无比震惊和难以置信。不仅如此，她还意识到，她从小被教育要服从规则，不质疑权威，于是当警察对她说"不"的时候（不论以什么理由），她完全没有能力为自己发声。在那个当下，这显然是一个创伤性的反应，也就是说，在那一刻她的内在世界完全被吓坏并僵住了——甚至包括她的语言。此外，由于她有些害羞和内向，她没有要求或坚持要按她的意思来。她的世界已然崩塌，但又能怎么样呢？时至今日，每当劳伦看见一个执法机关的工作人员，尤其是医护人员时，她的脊背就会泛起阵阵寒意，呼吸也会变得急促。她的故事进一步证明了范德考克对于此类事件的观点：

> 我们知道创伤不仅仅是发生在过去的一个事件，创伤也是那个体验之后遗留在我们的心智、大脑以及身体中的印记。这个印记会对作为有机体的人类如何在当下存活下去产生持续的影响。创伤会导致心智与大脑对人类感知功能的管理进行根本性的重组。这不仅会改变我们的思考方式和思考内容，也会改变我们进行思考的功能 [巴塞尔·范德考克：《身体从未忘记：心理创伤疗愈中的大脑、心智和身体》(*The Body Keeps the Score: Brain, Mind, and Body in the Healing of Trauma*)]。

连我们的思考功能都会被丧失所颠覆。因此，为了了解我们的内在发生了什么，从一些地方入手，开始尝试找到一个小小的立足点实在太重要了。"过热点"可能会是这条路上一个很好的起点。如果这一切对你来说太难了，我建议你把这部分内容交给你信任的老师，让他陪你一起经历。请记住，这是一本关于创伤后成长的书，不是一本关于全面治疗心理创伤的书。对于还需要与创伤进行深度工作的人来说，他们还有很多事情要做。这只是一个小小的开始。

针对"过热点"我们可以这样开展工作：从那个发出可怕或"灼热"信号的地方出发，去识别我们失去了什么或者我们需要什么；然后，去寻找用什么样的方法可以让此刻的自己重获力量；最后，去计划未来的自己可以如何应对。这个对未来可能发生灾难的预警方案是非常必要的。同样必要的是，当遇到的事件使我们曾经的创伤信号亮起，并把我们困住时，我们在那一刻进行自我安抚的方法。

借由上述劳伦的例子，我会手把手地告诉你答案可能会是什么。一开始，你可以先问问自己以下问题。

什么样的事情或地点会带来恐怖、糟糕或不舒服的回忆？
识别这些地点和事情的一个方法是：当你回想到或看到它们时，你感觉自己会被困在强烈的情绪里。另一个方法是，觉察到自己急切地想回避这些事件和地点。

- 医护人员
- 警察

然后，我需要什么？这些事情可以是你希望当时的你能够做到的、可以帮助你处理当时发生的事情的。

- 有更多时间来思考发生了什么
- 去摸一摸和看一看我的女儿
- 发出我自己的声音
- 从权威那里坚持争取我需要的东西

我能做些什么来帮助现在的我？我想到的一个方法是，尝试某些你已经从困境中学到的，或者从这本书中学到的技能或工具。示例如下。

当我再看到警察或救护车，或者当我再感到令人战栗的寒意时，我可以花点时间做**四方呼吸法**（Four-square breathing）——我可以在我的脑海中想象一个四边形，然后沿着四边形的四个角的顺序缓慢地进行一呼一吸。

我可以把手放在我的心上，作为给我女儿和给我自己的爱之标记。这会帮助我想起，要从容一点，不要让此刻发生的一切匆匆过去。

我可以打电话给一个我信任的朋友，他／她可以让我感到踏实并看清自己的困难。

　　我可以想到大多数警察和医护人员都在做好事，他们只是在按管理他们的规程办事，就像我自己的工作一样，我也会按照雇主要求我的流程办事；他们只是在执行任务。

　　我可以练习在陌生的场合开口讲话（也许从很小的场合开始），试着在我平时会害羞的场合公开发言。

　　当家人们还在我身边时，我会珍惜和拥抱他们。每一天我都会尽可能花几秒钟时间好好感受他们在我怀抱里的感觉。

　　花时间阅读那些讲述警察和医护人员为别的家庭做贡献的故事。

　　研究宽恕之道，思考这个态度的利与弊。

修通我们的"过热点"

　　当我们在处理"过热点"时，你可能会发现在经历丧失的过程中，有很多事伤害了你。现在，去回答前面我提出的那三个问题，然后完成一个你可以从现在到未来的几天里进行的任务清单。如果针对每一个"过热点"的任务清单之间有相同或相似的事情——如"更多地拥抱我的家人"或"即使不舒服我也要说出来"——那么你需要对它们更加重视。你已经看见了自己内在的运行模式，当你准备好的时候，你就有能力改变它。

如果改变内在的运行模式听起来很吓人的话，那就从小事做起。举个例子，对于一个天生很害羞的人来说，让他马上在众人面前多开口讲话可能会有点太过激进。没关系，我们可以让他先在两个关系最近的朋友或家人面前，尝试那些让他变得更自信的练习。他可以请求他们在之后的几天里都对他有耐心，因为他正在练习新技能，即在一些小事上开口讲话。然后，他也许还可以进一步做出如下尝试。

- 在餐厅把他不喜欢的食物退回去
- 对那些他通常都说"好"的人说"不"
- 在辩论中坚持他的立场

当你使用自己的任务清单来修通你的"过热点"时，你也在为你的新模式锻炼"肌肉"。而这个新模式将会与你向往的生活更加契合。请注意，这个过程将会是痛苦的。你不会想要一直跟它们待在一起。回避是更容易的。为什么？因为这个地方正是你的悲剧故事中的张力、摩擦力以及剧烈的痛楚反复打转和聚集之处。简而言之，这些事情一旦被揭开，就会让人痛不欲生。我们身体的肌肉也是以同样的方式生长的。当我们感到生活的困境带来的压力时，在我们奋力渡过这些困难的过程中，我们感觉自己仿佛被撕碎了，我们所有的能力都在被挑战，这已经超越了我们自认为能承受的范围。但我们还是好好的！这些事情是我们应付不了的。然而正是在应付这些应付不了的事情的过程中，我们会变得更有力量也更自信。在重压之下，我们会变得更强大，所以坚持下去吧。做成一番伟业的方法，就是学会从小事开始，一点一滴地、有效率地应对那些重要且困难的事情。

本章提供了丰富的工具，帮助你发展出一份专属的自我照顾练习清单。停止内疚、创造"页边空白"、运用 PLEASE 技能和"允许"的技能、创造快速心情转换列表，都会在丧失和悲伤的日子里让心安定下来。此外，我们可以从我们的毛茸朋友那里学到很多东西，它们陪伴我们、抚慰我们，并向我们示范如何保持正念，活在当下。如果你正处于悲伤中最沉重的时刻，我与你分享的接地练习和附加应对策略，会让你继续前进。最后，"过热点"部分给你提供了一个机会来识别你在丧失过程中所产生的心理创伤。自我照顾并不需要花很多金钱或时间，我们需要的只是带着意识和觉知行动。

下一章的工具将帮助你开始与真正的悲伤工作，这些悲伤来自你的丧失。我们会一起去了解你的丧失满足了你什么样的需要。你将会发现，在经历丧失后自己依然拥有什么，以及你将如何迈出下一步。

第 4 章　失去与获得

"每一次创造都始于破坏。"

—— 巴勃罗·毕加索
Pablo Picasso

困境也很重要

希腊人把那些挫败我们的境遇叫作**困苦**（Stenochoria），即一个被摧毁了的狭窄之地。也许，我们的人生及遇到的所有"困苦"最终都会让我们转化为更好的人。在我所知的经验中，没有什么比丧失的经历更困难或更具毁灭性的了。或许，当人们经历过一段艰辛的、深具破坏性的经历和悲痛时期后，他们会被改变、被转化，成为更好的人，抵达生命河流的彼岸。

然而，我们中的大多数人都想回避那些毁灭我们的东西。这也是可以理解的——它们往往都是非常糟糕的经历！但是，假如我们也需要它们，又会怎样呢？当我们的生活平顺时，我们几乎不用去做困难的事，因此我们没有建立面对困境的"肌肉"或技能。就像我们身体的肌肉一样，只有在我们使用肌肉的时候，它们才能够变得更强壮——同理，应对困境的"肌肉"只有在应对困境时才会生长。当此刻我们在经历丧失和悲伤时，我们不仅学习了如何应对未来的丧失，也学会了如何应对未来的困境，然后我们会学着以生命发展的方式成长。困境压迫我们，于是我们了解到被压迫是一种怎样的体验，以及如何忍耐这些压力。当我们被压垮时，我们学会了如何调整、重塑我们自己。

举个例子，分娩对于母亲和孩子而言都是巨大的考验。但正是从阴道里把婴儿推出的这一艰巨任务会给母亲和孩子带来很大的好处；而且，这正是宝宝离开了母亲的子宫，离开了母亲所提供的安全和庇护之后，在外部世界需要面对的。①

母亲会给顺产（与剖腹产相比）的宝宝提供更多他们所需要的母体菌群，以预防他们之后可能出现的健康问题。他们的肺部被很好地挤压过，因此降低了出现呼吸问题的风险。他们在童年期患哮喘病和肥胖症的总体发病率也会大大降低。再

---

① "WHO Recommendations Non-Clinical Interventions to Reduce Unnecessary Caesarean Sections," Geneva: World Health Organization, 2018.

者，母亲和宝宝可以更快地恢复过来，重聚在一起。母亲会更快地分泌母乳以喂养宝宝，母乳喂养的时间可能也会持续得更长（这对她和宝宝都很好），未来母亲再次受孕的概率也会更大。这些可都是痛苦的自然分娩所带来的！

当然，我并不是想说哪一种分娩方式更好（相信我，剖腹产也有很多好处），我想说的是，疼痛是有意义的。而且当我们允许疼痛发挥其重要作用时，它可能会带来深远的益处。

雷·达里奥说："每当你直面痛苦时，你都在面临着人生潜在的重要关头——你将有机会选择，是活在健康而痛苦的真相里，还是活在不健康但舒服的幻觉里。"

要做到雷·达里奥所说的，为什么那么难呢？因为"健康而痛苦的真相"听上去一点儿都不比"舒服的幻觉"好。那么首先，让我们来看看我们的目标——要快乐还是不快乐？

要快乐，我只需要去买一个菠萝比萨和一桶奥利奥饼干，然后躺在床上，跟闺密一起看 12 个小时的网飞剧。我们会聊天、大笑，结束后倒头就睡。第二天醒来后，我们会再做一遍昨天的事。这的确让我很快乐。但是这种"快乐"（或者说是乐子）缺乏能够引导我们去体会真正的快乐的切实体验。

研究发现（感谢哈佛大学）[1]，持久的快乐来自做擅长的事、帮助他人、面对和克服挑战，以及与他人建立深入而温暖的连接。我会再加上一条：去寻找和发现我们生而为人的使命也是快乐之道，而且，悲伤和丧失往往会给我们带来启发。遭遇困境、学习如何应对它们，以及发现我们的潜能，可以让我们在人生的旅程中与自己和他人建立更深刻、更持久的连接。这就是快乐。但这个快乐的"吊牌"上写着：学会去接受健康而痛苦的真相。也就是说，我不可能通过回避我的痛苦而收获快乐。如果我整天只活在网络世界里，我不可能找到现实生活中我渴望的关系。除非我可以在某种程度上适应这种成长性的疼痛，否则我不可能成长。要让自己成为自己渴望成为的样子的另一面，就是去直面那些让我们感到恐惧的事情。

我们必须要确保自己投身于生活中。面对困难的生活，去承担它吧。如果被它打倒在地，那就尽力与它较量一番；如果再被打倒，那就爬起来再战一个回合。当我们身处困难的时期时，即使我们感觉自己像懦夫、输家和冒牌货，依然会有一些

---

[1] Mineo, Liz. "Good genes are nice, but joy is better," *Harvard Gazette*. Harvard Public Affairs & Communications, April 11, 2017.

东西让我们变得更好、更强壮、更有能力把握自己的人生。所以去成长吧，去感觉到充实吧。

格伦农·道尔（Glennon Doyle）写道："你不必每时每刻都感到快乐。生活是痛苦而艰难的。并不是因为你做错了什么，而是因为它对每个人来说都是痛苦的。不要回避疼痛。你需要它。它对你很有意义。跟你的疼痛待在一起，允许它来，允许它走，允许它给你留下燃料，这些燃料将帮助你完成来到这个地球上的使命。"

在合适的工具和支持下，应对困境会让我们成长为更有能力、更有心理韧性以及更自信的人。这就像在健身房做举重的运动员一样：当她努力举起杠铃时，肌肉会为了举起杠铃的重量，一遍又一遍地被施予压力，这时候她手臂的肌肉会经历很多个微小的断裂，这样的断裂是肌肉承受压力的结果。一旦运动员回家休息，身体就会生长出更多的组织以修复这些断裂。最终的结果是，运动员拥有了更大、更强壮的肌肉！你承受越重的负担，你就会变得越强大。

个人的成长、内在的力量以及逐渐增强的能力，都是我们在压力之下迎接了挑战，被迫长出了情绪耐受的"肌肉"之后的结果。在遭遇困境时，我们好像成了厉害的"人生运动员"。而且有时候这感觉还不错。实际上，在路上的"灰尘"被清扫干净之后，我们甚至会有一种成功和自信的感觉。一旦我们拥有了面对困境的信心和力量，我们内在的快乐和自信就会油然而生。

请注意，在培养对人生痛苦的高度忍耐力这件事情上，每个人的体验可能都不一样。对某些人来说，他们在攀登困难的高峰时，可能会感觉到一种掌控感和自信；然而对另一些人来说，这可能是一个错误，或者他们会沉浸在自己对丧失的反应中。对他们而言，可能还有更远的路要走。在逆境中存活下来并克服困难是这样一个过程：在漫长的时间里，从一百万个或大或小的异常困难的事情中存活下来。许多人在这条路上都伤痕累累。

在困难的日子里，人们可能会经历各种程度的创伤、忽视、虐待、生理性疼痛、回避、拒绝或者其他形式的惩罚和羞辱。是的，他们撑过来了。但这不意味着他们过得很好。无论他们在面临着什么——失业、离婚、心碎、死亡、重大疾病、背叛、工作调动、暴乱——都可能在他们的心中留下伤痕。不要像泰勒·斯威夫特（Taylor Swift）的歌《死于千万次的心碎》（*Death by a Thousand Cuts*）里唱的那样。在这样黑暗的日子里，让我们一起来调整我们对自己的期待。被这些困难折磨到筋疲力尽是很正常的。你知道吗？事实上：

- 一些人会需要具体的、有针对性的心理治疗来处理他们正在承受的创伤，而另一些人可能需要持续的支持性心理咨询，或者去集中疗养中心休养一段时间；
- 一些人可能会在临床上被诊断为创伤后应激障碍（PTSD）或复杂型创伤后应激障碍，不仅需要各种形式的心理治疗，也会从宠物疗法、支持性团体或阅读克服了人生困境的人们写的文章中获得帮助；
- 一些人可能会被一位精神科医生评估之后，开始服用适当的药物以及／或者需要在家办公。

无论你是上述的哪一类人，请允许本章的后续内容帮助你，在应对人生逆境的路上卸掉一些负担。这样做是为了预防内在持续堆积的悲伤有一天会突然爆发或把你压垮。

丧亲、离异、失业……你失去的是什么

在我们分别谈论不同类型的丧失之前，我们需要看看"丧失"一词的含义是什么。当被丧失刺伤时，我们会感觉好像被一张满口利牙的嘴咬了一口——我们失去了一样东西，也连带

失去了好多与之相关的东西。下面是一些因单一事件而引起的复合性丧失的例子。

所爱之人去世

当某人去世后，没有一张列表可以涵盖所有我们会失去的东西。因为我们与那个人的关系如此特殊，而每个人又都不一样，所以我们到底失去了什么是说不清也道不尽的。例如，对一个家庭而言，母亲的死亡可能会带来心痛，因为她被大家所爱戴，她温暖、关心和关注他人，与每一位家庭成员都建立了亲密的关系。但是对另一个家庭而言，一位"女首领"的死亡可能会带来一种轻松。这也许是因为一些母亲（和父亲）为整个家庭带来了痛苦和混乱，而在她们去世之后，剩余的家庭成员终于可以自由地呼吸了。而且，那些纠缠不清的家庭恩怨，只有在父母亡故后，才更容易有机会被看见和被疗愈。而这些家庭成员在经历丧失父母的同时，还要与父母离世后的余波进行搏斗，这真是一条既复杂又困难重重的悲伤之路。

当然，丧失会因所爱之人去世时的年龄和去世的原因而具有不同的分量。举个例子，失去一个孩子，可能会给整个家庭带来永恒的伤痛。因为这样的死亡是不被接受的，它打破了时间的自然规律，就像小偷和强盗一样，将这个孩子鲜活的生命一把夺走，简直太不公平了。留给家人们的只有"本可以这样""那样该多好"的幻灭感。失去了孩子的人们，会感觉他们的梦想也都随之破灭了，他们感觉被偷走了什么，在短暂的一生中成了永远的受害者。

例如，我的丈夫在 2020 年前后 6 个月的时间间隔里，先后失去了他的哥哥基思和他的父亲杰克。死亡的时间点和方式留下了非常不同的影响。快满 60 岁的基思是一位经验丰富的警察，他死于自杀；而他的父亲杰克快 90 岁了，死于更普通的癌症。基思的死带来了太多未解之疑，而与之有关的一切都让人感觉"死得太不值得"。但是杰克的死感觉就像我们所说的"寿终正寝"。

当某人去世后，我们不仅失去了这个人，还失去了一部分的自己。伴随着一个我们爱的人的离开，我们还会失去那些我们与他们共处的感觉，失去他们在我们的生命中所扮演的角色（作为我们的知己、同伴、爱人、朋友、家人、邻居），以及失去我们在他们的生命中所扮演的角色。当我的丈夫失去了哥哥和父亲时，他同时失去了他作为弟弟和儿子的角色。

我们还失去了每天能够看到他们的机会，而且我们必须要面对因此而改变的日常生活，甚至日常活动的范围。不仅如此，我们生活的稳定性和安全感也会被极大地撼动。而对于久病卧床的病人的照顾者来说，如果他们爱的人安详地离开人世，不再受苦，或许他们会为此感到轻松。也许他们的死亡可以让他们在很多方面——日常生活、活动的范围、承担经济债务或者照料他人的义务——拥有更大的自由。你究竟失去了什么，这个答案只有你自己知道。在本章，我将提供更多的指导，来帮助你找到更加清晰、明确的答案。

离异

当我们经历离异时，我们不仅失去了与配偶的伴侣关系，也往往失去了我们居住的地方、我们的日常行程、一部分财产以及携手共同养育孩子的体验。离异也意味着失去我们在大家庭中珍惜的家人们、作为夫妇的身份、家庭度假的传统，有时甚至是整个社交圈以及长期的友谊。无论出于什么样的原因，如果你在这个破裂的婚姻中被认为是那个"犯错之人"，或者那个"被踢出局的人"，可能都会影响到你的下一代在未来的关系发展模式。

在很多情况下，如果父母中的一方强行提出离婚并且把另一方告上法庭，那么他会随之失去一个或多个孩子的支持和喜爱。在婚姻中被认为是"反派"的那一方，也经常会被其他家庭成员疏远，被认为不重要或是"仇人"。父母和孩子之间的信任也会因此被破坏，他们在一起的宝贵时间会越来越少，随着父母双方各自舔舐伤口，停止互动，他们之间的情感链接也会变得越来越弱。家庭间的结盟、断联、分居、积怨经常会在婚姻结束时频频上演，大量各种各样的丧失也开始堆积如山。

配偶背叛

当人们面临其配偶的选择所带来的毁灭性打击时——如不忠、性瘾、财务背叛、欺瞒行为以及其他背叛行为——他们通常会体验到震惊、难以置信和惊慌失措。关系中的安全感、可预测性、信任和期待都会随之发生变化。经历伴侣的背叛不仅影响一个人的未来，还会唤醒其过去的创伤，这常常是让创伤变得最不稳定的部分。伴侣间也会因此经历各种各样的丧失。当我想分享我的观点时，我从里克·雷诺兹（Rick Reynolds）和斯蒂芬妮·雷诺兹（Stephanie Reynolds）创办的"修复外遇"机构（Affair Recovery）那里找到了值得信赖的资源。他们在有关背叛的故事里如是说：

悲伤即成长

背叛的创伤击碎了夫妻间的故事发展，在被背叛者眼里，每一个回忆都变得可疑，并被当作谎言。接受 1.0 时代的婚姻已经结束是非常困难的，而在 2.0 时代的婚姻中去原谅和接纳曾经的破碎，并依然对未来抱有希望更是难上加难。这是非常艰巨的，而且需要一群从外遇经历中走出来的"过来人"的合力相助。大多数与对方和解的被背叛者都会感觉被家庭和朋友"孤立"了。因为除非你真的经历过，你真的与他们感同身受，否则大部分人永远都不能理解身处其中的感受和行为。他们会说"你应该离开他"或"要是我就绝对不会容忍这种事"。简而言之，大多数人并不会真的去修复发生外遇之后的关系。要携带着羞耻感、内疚感、自我怀疑的感受继续在一起生活下去是异常困难的。而且这段关系的修复可能会经历很多个不同的周期和阶段。不忠是守住秘密。被蒙在鼓里的人总会被伤害。

失业

事业走下坡路或面临失业可能会是非常艰难的经历。很多人并不会觉得失业或离职是一个需要悲伤的事情。这的确有一定的道理，毕竟失业和失去一个爱人可不一样。但它们也可能有相似之处——当我们失去或离开一份工作时，我们不仅失去了每个月固定的收入，也失去了我们的同事、朋友和熟悉的日常安排。而对一些人来说，他们的工作就是他们生活的全部，是他们活着的意义、目的、关系、成就、荣誉以及认同感的来源。这就是为什么我们会看到自杀率会在人们（大多数是男性）被解雇、失业、生意失败或面临退休时急剧上升。作为专业人士的他们勤勤恳恳、尽职尽责地工作，供养了他们的家庭；然而现在，他们一无所有了。任何对其工作有着强烈认同感的人一旦失业，他们所受到的伤害都会让其一蹶不振。

自然灾害

那些经历过地震、飓风、雪崩、洪水、火灾或其他极端并具有创伤性的自然灾害的人，通常会因此而改变——他们再也不会像原来那样思考和感受世界了。不仅他们的生活、家庭和幸福感会被颠覆，他们的家、汽车和 / 或工作也会被毁于一旦。有时候，整个街区以及熟悉的地方都会在大自然母亲的愤怒之举下顷刻间化为乌有。大自然母亲让许许多多的受害者不仅看到了他们自己的损失，也看到了他们周边的满目疮痍。

邻居们可能会看到另一栋房子着火，看到那栋房子外停的车被拖走，看到隔壁家的田被洪水淹没，或者看到当地的商场被压垮。龙卷风和洪水袭来后，通常会有大量的幸存者和受难者。从自然灾害中走过来的人们，在数月和数年之后，仍然会对当时发生的一切记忆犹新。因为对当时的他们来说，他们没有任何安全的地方可去了，即使可行的救援已经准备就绪，也没办法消除灾难带来的惊恐与刺痛。如果你曾经在红十字会营地工作，那么像食物、寝具和庇护所这些实际的救援是非常必要的。然而，无论是刚刚经历过磨难，还是在经历磨难后的很长一段时间里，这些灾难的受难者可能都看起来像行尸走肉一样地活着。

幸存者们会经历很多方面的变化，包括醒睡周期、思维模式、身体机能、安全感等，这些都并不少见。他们通常还会患上各种生理疾病，包括偏头痛、消化不良、各种身体上的疼痛、噩梦，以及短期的健康问题持续出现。此外，在自然灾害中受到创伤的幸存者们还可能在工作和学业方面表现较差，并且出现精神病性的心理障碍。一些人可能会发展出过激的或有攻击性的行为，对其人际关系产生不良影响。而且研究表明，创伤事件中的受害者年龄越小，越容易受到创伤带来的影响。由于自我保护的能力很弱和大脑发育尚未成熟，儿童在这些情况下的表现是最糟糕的 [1]。

致命性疾病

一个从致命性疾病中幸存下来的人可以被理解为一座被挖空的房子，需要从根基开始重建。大多数原始结构也必须被重新评估、解构和装配。说真的，对幸存者来说，经历过致命性疾病后，人生看起来会很不一样。身体的各个部位、整个系统、心理健康和生理机能都会被影响，不再按原来的方式运行，而且可能永远也不会了。重启身体和心理的过程可能会花费数月甚至数年的时间。如果要思考在复杂的身体状况中我们会失去什么，那么个体的生理机能、心理敏捷度、对未来的乐观程度等也必须考虑在内。

附带丧失

我在后面提供了一份完整的关于丧失主题的清单，你可以根据自己的情况来参考。

---

[1] "Behavioral Health Conditions in Children and Youth Exposed to Natural Disasters," *Disaster Technical Assistance Center Supplemental Research Bulletin*. Substance Abuse and Mental Health Services Administration, September, 2018.

当然，我无法涵盖所有丧失的种类，但是我希望让你看到一个丧失可能会引起的连锁效应，因而推动你去发现和识别自己生活中的丧失反应。甚至当你已经在积极地从丧失中走出来时，你依然可能会感到悲伤。在接下来的人生中，无论你选择继续前进还是退休或提出离婚，完成接下来的任务都会对你有所帮助。

苦乐参半："失去与获得"任务

本次的任务是一个特殊的工具，你可以从三个部分入手来处理和面对丧失的过程：（1）看看你失去了什么，这个失去对你来说意味着什么；（2）你还拥有什么；（3）上述信息可以让你在接下来做些什么。

然后，你将能够确定还留下什么以及下一步该怎么走。即使你感觉你已经知道了，但把它们都标示出来能让你更清楚地了解如何满足自己的需要。

第一部分是定义这件事让你失去了什么。我将会分享一个我生活中的例子，以及我为自己完成的部分"失去与获得"任务。

我失去了谁 / 什么

首先，我识别出了我具体失去了什么。

我失去了科林，我儿子最好的朋友。他跟我们住在一起，他和我的儿子还会一起去上大学。他 18 岁，在我家附近因为车祸而意外身亡。科林是我"意外收获的孩子"，他就像我的第三个儿子。我是他的"住家妈妈"。他经常叫我和我的丈夫"妈妈和爸爸"，他跟我们就像一家人一样。

之后，我把我的丧失进行了拓展。

我的大儿子一年前刚离家上大学。当科林搬进我们家时，他的出现抚慰了我的心，我怀念过去有两个男孩同时住在家里的时光。科林的到来让家里重新有了两个男孩！他跟我们在一起实在太美妙了，尤其他又是一个如此温暖和开放的孩子。他给我的小儿子带来了很多欢乐。他们俩常常在家里嬉戏玩闹。我为自己和我的小儿子都感到高兴，有两个男孩在家里是一种安慰，科林的出现每一天都为我们的家带来喜悦和乐趣。然而，我的儿子就这样失去了他最好的朋友，对他来说这个创伤太大了。而我也一样不得不去看、去听、去感受、去体验这个创伤。一时间我失去了我在这个世界上的安全感。我们深深地爱着他，而当我们得知他的死讯时，我们的内心被彻底摧毁了。这实在令人难以置信。

在科林的死发生之前，我认为任何人离开我家后——可能是朋友、家人、邻居——无论他们接下来要去哪儿，都一定会是安全的。我的安全感在他死后仿佛被摔碎在地。我所在街区的街道甚至也不再安全了。任何事都有可能在任何时候发生。我的孩子们、我的丈夫、我自己或我的邻居们都有可能一离开家就被车撞死。我有一种非常强烈的脆弱感，就好像我正在等待着下一件坏事降临，仿佛全世界都充满危险。我同时失去了"科林的人生导师"这个角色，他再也不会跟我谈论他的生活、他的挣扎、他在明尼苏达州的女友、他大学的主修科目、他去找的工作，还有他的梦想了。我很享受这个角色，因为跟他交谈很轻松，我感觉自己在为一个年轻的生命更加光明而美好的未来做贡献。

另一个刺痛我的是他去世时的年龄（18岁），这让我们所有人都看到了人生的无常。我不得不去直面我自己对于人生应该活多长的预期。我不得不承认一个事实，那就是也许并不是所有人都会拥有一个"完整的"一生。很显然，从来没有人保证或担保，也没有人明说或暗示过，我们一定就能有一个平均85年左右的寿命。我也必须去挖掘我的一个与现实不符的幻想，那就是所有年轻人永远都不应该成为骚乱、困境或死亡的受害者。我本以为年轻人应该免受所有的痛苦。因此突然间，我从小到大习以为常的事物发展的结构和秩序在瞬间崩塌。

在完成这个任务练习时，你可以像我一样写下完整的句子或者列出重点。

我失去了科林。

- 我"意外收获"的孩子
- 一个叫我"妈妈"的人
- 我的第三个儿子
- 我的儿子布兰登最好的朋友
- 我在世界上的安全感
- 我作为人生导师的角色
- 在一段时间内的我的信仰

我还拥有什么

第二个部分就是问问你自己，"即使我失去了所有的这一切，我还拥有什么"。看看还有什么是你可以触碰和与之产生连接的？你在哪里感觉比较有力量或可以做主？你可以做些什么？你对此有什么想说的？你可以继续接着做些什么？

对我来说，我还有：

- 凯拉（科林的姐姐）；
- 塞巴斯蒂安、迪米特里、泰勒，以及其他会来家里的孩子（布兰登的其他朋友）；
- 当下的这一刻；
- 我自己的孩子们，乔丹、布兰登、扎克，以及我的丈夫达林。

下面是一段篇幅更长的关于我的失去与获得的经历的文字：

我还有科林的姐姐凯拉，她是我依然拥有的事物中的其中一个。（她比科林大 5 岁，我感觉她就像是我们家庭的一个延伸。她之前搬到了离科林很近的地方居住。她有一个可爱的灵魂。）

而且，我还有我儿子的其他朋友。他有三个要好的朋友，我总是很享受他们来家里玩的时光。作为父母看到孩子们的友谊总能让我感觉满足又充实。看见孩子们的朋友聊天、玩耍和享受在我们家的时光，让我感觉我们的家对他们来说是一个能滋养他们的地方，能为他们提供安全感的港湾。我能够体验与布兰登和他的朋友们在一起的感觉，我能够给他们足够的关注，并与他们产生连接。

即便我在这个世界上的安全感被摧毁了，当我做这个练习时，我看到自己仍然拥有当下的这一刻。我意识到所有关于我是否安全的念头，都源于我对未来的恐惧：有些事会不会发生，灾难会不会降临到我或者我爱的人头上，危及我或者他们的生命。这些念头都是我对未来的恐惧。我没有一个水晶球或一根魔法棒来确保未来会一切顺利，但我还拥有我现在所在的这一刻。我可以把我的关注点和注意力放在当下，那些我无法控制的，就都放手吧。如果我能有意识地、更多地让自己安住于当下，那么我就能更好地感知到我还拥有什么。

我还拥有的是我自己的孩子们。我感激我的三个孩子都安然无恙。在那一刻我感到了自己对他们前所未有的强烈的爱、关心和保护欲。因为我的孩子们还在，我还可以进一步深化我们的关系。我可以打电话给他们。我可以有意地再靠近他们一点。

接下来我可以做些什么

如果你完成了前两个部分，你会发现采取行动这个部分已经自然而然地在你眼前展开了。你会想要行动起来，对你还拥有的东西做点什么。

于我而言，那意味着下述内容。

1. **当孩子们的朋友来我们家时，把他们放在第一位。**和他们坐在一起，听他们说话，记得他们的生日，询问他们过得好不好，跟他们一起庆祝，如果可能的话，给他们做一些人生指导。

2. **在驾驶和看到摩托车时练习正念。**撞死科林的摩托车司机当时走神了，这个意外到现在我开车时依然会影响我。即便科林是在一起摩托车事故中身亡的，我开着车时也经常会在马路上看到很多摩托车。我要做的下一步是，当我在驾驶的时候，提高我的觉知力，停止胡思乱想，保持专注，把注意力放在当时跟我在一起的人身上。我可以提高我的驾驶技术，并更加谨慎地驾驶，这样我就可以避免一些事故发生的因素。在生活中，我可以把握的是，提高我的驾驶技术和驾驶效率，并尽可能地专注于当下。

3. **接触科林的姐姐，与她保持联系。**我们都共同经历了失去科林的重大丧失，维系我们彼此的关系变得很重要。

4. **不错过任何一个拥抱。**我是最后一个看见科林的人，事发当天他正在穿衣服准备去骑自行车。当时我看到他在前院，而我正在打电话。通常我们都会拥抱一下，我会说"我爱你，亲爱的，祝你今晚工作愉快"或"明天见"。但那天，我因为正在工作所以并没有这样做。我一边打电话，一边快速地向他挥了挥手。现在的我会优先去拥抱我眼前的那个人（在今天这个强调"社交距离"的时代，它又加了一层更重要的意义）。因此，我下一步的行动是，放下手中的事情，优先拥抱身边的人，跟他们一起进入一个有爱流动的空间。

保护性因素与风险性因素

常常只有当我们思考自己还拥有什么时，我们才会意识到其实还有社群和个人愿意向我们伸出援手。或者，至少我们还拥有健康。我们还拥有那些协助我们渡过难关并重新振作起来的支持。

当日子很难熬时，心理学上把那些能够保护我们免受更大的伤害所做的、所相信的、所拥有的或者能够参与进去的事物称为**保护性因素**（Protective factor）。保护性因素让我们规避风险，如无家可归、药物或酒精滥用以及有虐待性质的关系。这些保护性因素能在本质上让我们远离那些会让我们的生活坠入深渊的事物。

　　保护性因素会把我们包裹起来，帮助我们继续前进。认识到你失去了什么非常重要。例如，如果你失业了，你可能同时也失去了工作带给你的保护性因素，如你的社交圈。不仅是你的经济状况受到了威胁，你还失去了那个为你加油喝彩的社交圈。你被孤立了，你的生活也因此有了更大的风险。被孤立、孤独以及跟你的社交圈断联，很可能会把你拽入更糟糕的境地，因为你不再拥有社交圈带给你的那些缓冲和保护。

　　你拥有的保护性因素会平衡和抵消那些因为一个重大的丧失而引发的其他方面的丧失。我们现在就来列一份清单吧。这份清单会让你看到，你比你自己以为的还要富有。即使你失去的东西真实而又沉重，但你还有这些保护性因素给你依靠。

　　保护性因素可能包括：

- 积极的心态、价值观或信念；
- 解决冲突的技巧；
- 心理、身体、心灵和情绪健康；
- 积极的自尊；
- 学业成就；
- 优秀的育儿技巧；

- 父母的监督指导；

- 强有力的社会支持；

- 社群参与；

- 问题解决能力；

- 积极的成年人榜样；

- 教练或导师；

- 健康的孕期和儿童早期发展；

- 参与传统的疗愈及文化活动；

- 同辈团体／朋友的支持；

- 稳定的工作；

- 稳定的住房；

- 服务（社会的、娱乐性的、文化的，等等）的可获得性。

相反，**风险性因素**（Risk factor）——保护性因素的反面——会让个体和团体有更高的失败和衰退的风险。这里有一些例子：

- 消极的心态、价值观或信念；

- 低自尊；

- 药物、酒精或化学溶剂滥用；

- 贫困；
- 对簿公堂的父母的孩子；
- 无家可归；
- 所住的街区出现犯罪案件；
- 早期以及重复性的反社会行为；
- 缺乏积极的榜样；
- 目睹暴力的孩子；
- 服务（社会的、娱乐性的、文化的，等等）的缺失；
- 失业／低就业；
- 家庭苦难；
- 种族歧视；
- 心理或生理疾病；
- 较低的文化程度；
- 放弃体制／政府的照顾（医院、看护、管教所等）；
- 家庭暴力。

当你看到保护性因素时，你可能会发现你拥有的东西比你想的要多得多。如果你有一个相对关系紧密的社交圈和家庭的话，当你经历一些事，如某人离世或离婚时，你大概率可以依靠他们。他们也许会为你带来晚餐，开车送你的孩子上学，或者过来帮你打扫房间。他们会在你感到孤独的夜晚出现。当他们在你最难熬的时期伸出援手时，他们就成了你的保护者。想象一下，如果没有人帮你开车送孩子上学，或者在你的生活一塌糊涂时来家里看看你有没有吃的东西，又或者没有人跟你聊天讲话，你的生活会是什么样的？当我们失去科林的时候，整个社群的人都跳了出来。他们实在太棒了！我们只是科林的住家父母，但是他们知道我们会跟科林的家人和布兰登一样痛苦。所以他们会做好晚餐，默默地放在我们家的门口，还打电话来问我们好不好。

当你缺少保护性因素时，你会更容易被一些事困扰，如心理疾病、自杀念头、重度抑郁、无家可归、药物和酒精滥用以及其他无效且不健康的应对压力的方法。如果你有保护性因素，你可能会发展出更好的心理韧性——这不仅是在困难中振作起来的复原能力，也是在复原之后让自已变得更好的能力。

当你的孩子被一个团体围绕时，如果他正在经历父母离婚，他的朋友们会出现，把他按时带去上学，或者帮他写作业。这个孩子会更有可能通过考试，甚至有机会拿到奖学金，考取他想上的学校。尽管他在家里感受到的是混乱和分裂，但他在这个团体中会体验到成就感和有尊严。如果没有人跟这些孩子一起去学校、陪他们一起坐公交车，或者他们被霸凌了也没有人觉察到，他们就会有更高的风险陷入人生的创伤、混乱和失望里。

以上我列举了一些可能会随着丧失而出现并阻碍孩子们发展的事物，这些事物甚至可能会让他们患上心理疾病、成为生活中的受害者，或者做出糟糕的人生选择。

因为有一个充满爱的社群围绕着我们，我相信我的孩子们不会陷入进一步的挣扎和更坏的处境中。

"失去与获得"任务对所有类型的悲伤都有用。它能够帮助你了解你失去了什么，因而你可以更好地从情感和认知层面理解你为什么会有这些想法和感受。当我们知道我们正在经历的一切都是很正常的时，事情就会变得更容易应对。然后你需要的是，每当你有需要时就可以得到的相对"容易"的东西。而对于那些更重大的丧失，你可能要做很多遍这个任务才能感觉到有那么一点安慰。而对于那些感觉起来"更小"的丧失，你可能需要的是一种心智上的训练，帮助你转变思维模式。对于你经历过的或正在经历的不同种类的丧失，你都可以问自己以下问题。

1. 我失去了什么？
2. 我还拥有什么？
3. 下一步是什么？

4. 我拥有的保护性因素是什么?

你需要练习多少遍"失去与获得"任务,就重复练习多少遍。练习的目的是理解你所经历的各种不同的丧失体验,以及理解这些体验曾给你带来的或正在带来的影响。

从"困苦"到力量

在本阶段,写下你失去了什么,然后发现你还拥有的保护性因素是很重要的。因为这样你才可以依靠你还拥有的,缅怀你已失去的。你可能会感觉自己置身于"困苦"中,那个被摧毁了的狭窄之地。但是,要记得,你正在锻炼你的"肌肉",学习如何成为一个更棒的人。没有比这更好的机会来检视你是如何看待世界、看待他人以及看待你自己的了。

当我们有能力看清我们的经历就是一系列复合性的难关时,我们才有能力允许自己再深挖一点,慢下来好好体会每一个难关。当我们承认了丧失的复杂本质后,我们会看到自己依然拥有的东西,然后我们便能够迈出具体的一小步,来帮助自己平衡自己的人生故事。

在下一章,你将会告别那些把你困在悲伤里的信念。

第 5 章　期待重置

"你畏惧走进的山洞里，藏着你正在寻找的宝藏。"

—— 约瑟夫·坎贝尔
Joseph Campbell

　　我们最近去了位于加利福尼亚州北部的一个美丽的地方——纳帕山谷。纳帕山谷是世界上最好的葡萄酒产地之一。在这里生长的葡萄可与法国的波尔多和勃艮第葡萄媲美。在这方寸之地中长出的葡萄所酿造的葡萄酒获奖无数，被人们高度推崇，每一盎司售价就有几百美元。

　　我们在参观其中一个酒庄时了解到，储存葡萄酒需要一种特殊的木桶和特定的温度，葡萄酒瓶上的软木塞也是用一种特别的材质制造的。我们还学到了是纳帕山谷地区葡萄的丰收与气候模式再加上葡萄酒的陈酿过程，才让这里产出的葡萄酒如此声名远扬。所有能够影响一个好的葡萄酒"酿造年份"的因素包括：这一年土壤和气候的状况，以及葡萄丰收的时间。再者，森林火灾也绝对会对葡萄的生长和收成造成影响。但让我尤为感兴趣的一点是，气候的干旱可以增加葡萄的风味，让那一年酿造出的葡萄酒品质上乘。也就是说，当一个葡萄园处在缺水干旱的紧张压力下，葡萄生长期间的所需无法被充分满足时，反而能够产出丰硕的成果。

人类也是如此。你曾经遇见过这样的人吗？他们的经历越丰富，就会变得越好。纵使生活丢给他们一些"曲线球"，他们仍能站在那里，挥动球拍、跑垒，而且每一次都会变得更强壮。我的朋友兼同事洛丽-琼·格拉斯就是这样一个人。

洛丽出生于西弗吉尼亚州，从小在美国国家公园里长大。她生命的初期是混乱且黑暗的。在她只有3岁时，她目睹了父亲跳进波托马克河里溺水身亡，她跟着母亲回到了家中。此后，母亲一直沉浸在自己的悲痛中，终日与伏特加为伴。这个家庭的核心在最开始的时候就被摧毁了。为了保护这个破碎的家庭，洛丽很早就学会了自己照顾自己，并且照顾她那脆弱的母亲。为了让母亲少喝一点，即使她知道会挨打，但她还是把酒瓶里的酒都倒进了下水道，并往酒瓶里灌满水。她成了她母亲的"母亲"（很多孩子不得不这样做）。有一天，母亲把她们的家一把火烧了，之后她只有依靠她的朋友的父母给予她庇护。她人生的"干旱"还在继续。她的母亲后来自杀身亡了。她把母亲安葬好的时候，只有17岁。

父亲走了，母亲也走了，她就这样失魂落魄地开始了她的成年生活。她竭尽全力地像一个来自正常家庭的普通人那样生活。她关注那些外在的部分：吸引力、成功以及成为欧莱雅集团金牌销售的自信。但是在她光鲜亮丽的外表下，有一个很大的空洞，那是她破碎的依恋、丧失与创伤，这个空洞在不断地内耗她。当她还是个小女孩的时候，她常常幻想自己有一个美好的家庭，她被父母给她的安全感和爱围绕着，一家三口都非常幸福。然而现实是，她活在一个不停地逃离过去、被孤独两面夹击、一心只想寻得一个安全的栖身之地的状况中。她的生活不断陷入恐惧和被抛弃的循环，因此她渐渐相信急迫而充满焦虑的生存本能是她活下去的唯一动力。

最终，她被压得喘不过气来。在成为两个男孩的母亲后，她一直为如何健康地处理关系而苦苦挣扎。她被生活逼得很痛苦（像她的母亲一样），几乎濒临自杀的边缘。又一段关系的失败，让她完全丧失了应对能力，再加上那些从未被处理过的发展性创伤和日积月累的丧失，她被彻底击垮了。她的内心仍旧被困在童年的生存模式中。而当她面对自己快 40 岁的人生时，她的内心还是像当年那个无家可归而又无比迷茫的小女孩一样。她在每一个她遇见的男性身上，绝望地找寻她那死去的父亲的影子。她的人生绝对不可能有圆满的结局了。

　　就在她正要结束自己的生命时，一通心理治疗师打来的电话让她恢复了理智。她意识到自己面前有两个选择——要么屈从于那个一直在纠缠她的家庭的"恶魔"，成为又一个受害者，要么去开辟一条不同的路径：帮助自己找到一条新的道路，然后再用同样的方法去帮助其他人。

　　之后，她从自己的治愈之旅中收获了很多知识，对于自己曾忍受过的创伤有了更深的理解。凭借着活下去的坚毅、勇敢以及对如何与他人建立连接的敏锐感觉，她开始拟定一个全面的课程，其目标是把那些跟她曾经一样处在人生崩溃边缘的人拉回来。正如她所走过的路那样，她本能地知道，如果一个人想要站起来，拿回自己人生的掌控权，就必须要学会如何从幻想转向现实，如何脱离童年的生存模式，成长为一个健康的成年人。她接受了所有的悲伤与失去，不仅她自己从中受益了，其他人也因此受益了。

　　洛丽从她数百个小时的心理治疗、几十个成功与失败的经验，以及数千个小时的学习研究中，将最有效的心理治疗与传统康复相结合，推出了一个涵盖各个方面的应用方法，名为"Pivot"。洛丽以发展心理学为基础创建了这个方法，然后将其带进了教练技术和治疗中（为了降低人们对寻求照顾的病耻感，并从任何途径都可以学到"Pivot"）。经过多年的实践与在临床上的测试，"Pivot"已经帮助数千人找到了成年后健康的自我。她在"The Glass House"及全国开展的工作，让她在许多名人、行业先锋、有名望的家族以及来自各行各业的人中都很受欢迎。

洛丽走过的路带给我们的启示是，我们必须明白，在幻想中我们所认为的自己人生的样子与它在现实中实际的样子之间是有冲突的。在面临重大的丧失时，我们必须学会重置我们的期待并调整我们的信念系统。

每个人都有一套自己的信念系统，它决定了我们如何看待自己、如何看待他人，以及如何看待世界。这一内在指导系统是从我们生活的体验和经历中、我们曾做出的选择和看到的结果中，以及我们所在的关系中，慢慢发展起来的。简单来讲，我们会发展出一套属于自己人生的指南，指向于：我们认为人生是什么样的，我们应该如何度过这一生，在我们的人生中，什么是应该发生的，什么是不应该发生的。

当经历改变人生的丧失时，我们常常会把这个内在关于生活和世界如何运转的指南丢弃，因为我可以向你保证，丧失足以颠覆我们对自己和他人的信念。我们可能曾相信事情会是这样的，而新的丧失会让我们看到，事情并非如此。我们都希望事情就一直照这样发展下去，我们的人生也一直沿着这样的轨迹走下去，但这个希望现在却被因丧失而带来的人生寂灭感连根拔起。当我们的体验和丧失带来了很大的创伤时，专家们会说，我们"失去了对生活的天真"。

在丧失过后找回重心

现在你已经开始重新调整你对人生的期待，因为你开始明白人生并非一条笔直的高速公路，事情有时真的会变得艰难又混乱，人生更有可能充满了各种越野经历。但是，你也明白这会让你获得一种深层的、对人生的自信和掌控感。那么现在，你需要把你想要的说出来。我猜，"快乐"是你当下想要的。也许你想要"试着回到从前"或"找到我的内核"，或者只是"从床上爬起来"。在本章，我们将深入理解那些在经历悲伤和丧失之后，你还存在的旧的但已失效的思维模式。通过完成这个练习，你会开始摆脱那些把你困住的想法。你要知道：你不是"你的想法"。你的想法之所以是这样的，是因为你从小到大听到人们总是这样说。你的心智是可以被塑造的，它吸收了这些声音，于是这些声音从那以后就一直在你的脑海中自动化地每时每刻重复播放。我们很自然地**内化**（Internalize）了太多我们的养育者的声音，以至于他们的声音也成了我们内在的声音。但这些在我们的头脑中播放的"磁带"并不是永恒的，它们可以被改变。而且要我说，它们几乎都不符合现实。我们只是从我们过去的经历和我们的养育者那里收到了一部剧本，而现在我们有能力重写这部剧本。此刻也许就是最完美的时机。经历丧失是检验我们如何思考这个世界、如何思考他人以及如何看待我们自己的一个很好的机会。

我想在本章邀请你回顾一下，到目前为止你遵从的人生指南。然后，我想邀请你去看看你的心智这台机器有哪些地方可以被调整和更新。当你发展出一套新的信念系统时，你会发现新的思考方式会让你释怀。

正如我在前面的内容中分享过的那样，我渡过了很多丧失。我会完成部分练习，供你参考。

回顾你现有的人生指南

首先，我们从识别那些随着丧失而被颠覆或不再符合现实的信念开始。我会分享三个我自己被颠覆的信念作为例子。

1. 任何事情都总会有办法解决

我曾经有一个童话式的信念，它来自我内在的那个小女孩,那就是:任何事情都总会有办法解决。一切都会变好的。我们最终总会有一个好莱坞式的完美结局。

2. 做好人就有好报

我曾经相信坏事不应该降临到我头上,因为我一直是一个好人。如果一个人做了好事,就会有好报。让我的信念幻灭的是,我意识到我曾以为生命是一种交易,但事实并非如此。

3. 其他人想的和做的都应该跟我一样

在生活中,当我们与志同道合的人在一起时,我们会感到很舒服。与跟我们相似的人在一起时,我们是最轻松的。很多人在跟与自己有不同信仰、不同观点、不同肤色或不同生活方式的人在一起时会感到很不自在。这就会在关系中创造出一种张力,因为我们试图从自己出发去调整他人的价值体系。当我面对真实的自我时,我发现我之所以认为其他人应该跟我想的和做的一样,是因为他们的不同会让我很不舒服。如果他人跟我不一样,我会非常难受,并且会去尝试改变他们,无论是以一种温和的方式还是以一种不那么温和的方式。

我必须检视这些信念,然后放弃它们。因为悲伤让我看到，这些信念对我没有好处。它们并不符合现实。更重要的是，如果我继续抓着这些充满了局限性的信念不放，我会把自己困住，并不断地伤害我身边的人。我的信念系统与我的现实不再同步。我必须进入一套新的信念系统中。下面我会描述我是如何把旧的信念系统替换成新的信念系统的。

旧信念——任何事情都会有办法解决

我认识到，我不仅必须调整我对人生、对他人，以及对自己的信念，我还需要真正地接受调整之后的新信念，而不只是嘴上说说。我的新信念是：不是所有事情都有办法解决，但是大多数可以。这个新的信念源自我开始接受新的现实：有时候好人也会遇到坏事，而且坏事并不总是有办法解决的。我可以朝着好的结果去努力，但是从根本上讲，我接受人生的真相，并追求这一真相所带来的自由。

我从旧的信念的"葬礼"中生出的又一个新的信念是：即使有糟糕的事情发生，人生也可以很美好。纵使可怕的事情降临，我还有能力去欣赏人生。

坏事仍会发生，而且并不总是能得到解决，我能做的就是放下那些我无法掌控的东西，去臣服和接受现实，而不是执着地认为，因为我是一个好人，所以只有好事才应该发生。

旧信念——做好人就有好报

新信念：在我的人生中，我尽我所能地做一个好人。新的信念降低了我之前对回报的期待。我不再认为上天或别人有权赐予我仁慈。相反，我转而去关注那些对我真正重要的东西，并在我的人生中尽力去做一个好人。当我不再跟随一个过时的信念，而是允许我内在的核心价值观为我的目的和行为做出指引时，我找到了自由，也不再执着于要一个特定的结果。这一更加成熟的信念还让我不再执着于负面的或困难的情况，不再总是因为想不开而发脾气，并出现一系列控制行为；相反，它让我腾出了更大的空间去做更多别的事情。这对我自己和我身边的人来说都太棒了。

旧信念——其他人想的和做的都应该跟我一样

这是一个不易被察觉，却在大多数人的心智后台中运行的核心信念，就像电脑的操作系统一样。当某一个程序在你的电脑后台运行时——JavaScript、Microsoft Windows、macOS——这些操作系统看似没什么存在感，实则十分重要

（就像我们的核心信念一样）。要想知道你是否拥有这一很有局限性的核心信念，最快速的方法就是，去找一个行为和理念都跟你不一样的人——这个有局限的信念就会出乎意料地浮出水面。例如，在"黑人的命也是命"运动（Black Lives Matter）、新型冠状病毒肺炎大流行，以及 2020 年美国的政局动荡中，人们看到了美国社会在对种族的信念、经济财政、医疗健康以及政治问题上都存在巨大分歧。

为了更新这一信念，我为自己创造了一套新的核心操作系统：人们可以做出他们的选择，我控制不了，也可能不会喜欢。我可以选择放下我自己的期待，别人不需要按照我的价值观和理念生活。我也可以学着去爱他们本来的样子，而不是我认为他们应该有的样子。这让我不那么迫切地需要控制和批判那些我认为他们应该怎样生活的人。同时，我也不再让自己受制于那些跟我不同的人了，就算这个人来自我的家庭。

我在下面的清单中列举了一些我已经告别的信念以及我取而代之新创造出来的信念。

我必须要说再见的信念是……

- 人生大多数时候是安全的。

- 在此生，上天会让一切都变好。
- 假如我足够虔诚地祈祷，我的信念足够强，我就可以改变那些我不喜欢的事物。
- 严谨的生活＝积极快乐的生活。

我必须开始接受的是……

- 我可以通过接受教育、担负起个人责任以及智慧地做出选择来尽可能地让我自己和我的家人安全；但是从根本上看，人生不可能万无一失。
- 上天对我的品性更感兴趣，而不是我此生过得舒不舒服（感谢里克·沃伦）。
- 上天并不是自动贩卖机，我投进好的行为（祈祷、捐款、严谨地生活），然后他推送出我期待的结果。取而代之的信念是，当遇到挑战时，我会做所有我能做的事，去找解决方法，让事情变好。我寻求从上天汲取力量，让我在走出困境的过程中保持内在的安稳，但人生还掌握在我的手中。
- 我会尽可能地生活得健康快乐，但生活并不总是那么美好。

肯德拉：更新人生指南

回到我在第 1 章分享的来访者肯德拉的案例——她的哥哥在她 8 岁时去世，从那以后肯德拉的内心就有一个根深蒂固的信念：她总是会被拒绝或被抛弃。因为哥哥的离世和其家庭应对这一事件的方式，肯德拉相信——在她内心深处的信念系统中——几乎没有任何关系能让人感到温暖和放心，她所爱的人最终都会离她而去。她应对这一信念的方式是，从此把她的情感封锁起来，不再与外界产生真实的连接，把注意力转向追求外在的成功和完美。当我遇见她时，她的事业和理财生活"繁荣"得过了头，而她跟自己的孩子们的关系却很疏离，她的内心有大量的自我憎恨感，在亲密关系中她是一个情感和心智发育不良的成年人。简单来说，她有很多钱，却很孤独，很不满足。

为了在人生的道路上继续向前走，她必须更新她的人生指南。它可能看起来像这样：

我必须要跟这些信念说再见……

- 我相信自己会被抛弃，我的生活永远没有稳定可言。

由于我有这样的信念，因此我要么在关系中跟错的人暴露得太多，要么出于自己的恐惧，不敢选择那些既可靠又对我很好的伴侣。

- 快乐可以通过获得成功和完美而得到。
- 把我内心更深处的情感藏起来对我是最好的。
- 比起允许别人做他们自己，控制别人让我感觉更好。

如果我不能让他们做我认为他们应该做的事，我会很恐惧；当我告诉他们应该做什么的时候，我很有安全感。

我必须开始相信和接受的是⋯⋯

- 我生命中的大多数人并没有离开我。我的神经格外敏感是因为我的丧失，但是那些在我身边围绕着我的人都很关心我。
- 当我查看我的现实情况（不仅是我的想法或感觉）时，我看到我的生活比我的感觉告诉我的要来得稳固。我可以放慢节奏，慢慢地去了解他人；我可以不很快地黏住对方，不在当我感觉无法掌控对方时又快速把他们推开。
- 成功的感觉的确不错，但它不能保证我一定会很快乐。

我可以去寻找和探索其他被研究证实过的方法来体验快乐。

- 当我在一个很有安全感的地方表达我内心最深处的情感时，我是在帮助我自己，我能让自己感觉更好。在跟别人相处时，我也能体验到关系中安全的亲密感，这也让我感觉很好。

- 对我的孩子来说，我是管家的妈妈，不是看守人。健康的教养方式让我用爱和理性去带领和指导他们，而不是只关心他们的分数、表现和金星奖励，这最终会让我们的关系变得很空洞。

- 我可以关注他们的进步，而不是完美。

* * *

现在，请为你自己做这个练习。你能不能找到一个之前就隐藏在你的内心里，跟自己或跟世界有关的信念？然后再创造一个新的信念，给你自己更多的自由和空间。

我必须要跟这些信念说再见……

_____

_____

_____

我必须开始接受的是……

_____

_____

_____

提炼故事中的精华

读到这里你可能会想，如果我不知道这个练习，那么我还可以做些什么呢？如果是这样的话，我建议你去觉察如果你要分享你的丧失，你会谈论些什么，然后去寻找可以真正拓展你自己的视角的途径。举个例子：在一个创伤事件发生后，如所爱之人意外离世、伴侣出轨，或者突然被解雇，听到这些令人震惊的消息后，我们的一个自然反应就是"生活对我不公平"。如果我们被生活打了个措手不及，我们的确会感觉受到了迫害，觉得自己很脆弱。我们的天真不在了。但是同样的反应如果持续数月或数年都没有变化，可能会大大破坏我们的生活幸福感。如果你一直被困在一套"被污染了"的信念系统中，而这些信念又是关于自我和人生的，那么它可能会严重影响你的健康。跟你一起生活可能会变得很困难，而且你可能会拒绝那些即将到来的大好机会。这时候，最重要的是学会如何重新构建你被困住的状况，至少是一点点。你可以开始重新书写自己的人生故事，并在叙事中添加一个小小的词语："然而"。

必不可少的"然而"

当我们走进自己的故事线，成为叙述者而非别人故事线里的某个人物时，我们可以坐上驾驶座，从此感觉更有力量。这里我给出的方法是：每当我们遇到人生的裂口时，就往那里面插入一个词"然而"，这将有助于我们成长。

我在31岁那年怀孕了，还被诊断出患有癌症。没有比这更糟糕的事情了，然而当时所有的磨难都最终影响了我的职业选择，让我重返校园，帮助我更加懂得如何应对未来可能的困境，并引导我写出了这本书。我的故事本身为我的成长搭建了舞台。在我挣扎的过程中，我发现我的信念系统是无法支撑我渡过人生的逆境的。我需要去寻找新的思考方式和新的重心，让我的双脚稳稳地站立在现实的洪流中。生活是我的"学校"，逆境告诉我：我的"新手信念"无法在我找不到救生衣，而救生艇就要倾覆的那一刻，让我依然安全地浮在水面上。

　　"然而"这个词，让我找到了我今后人生立足的根基。在那段手忙脚乱的日子里，我历经失望、身体上的疼痛折磨、情绪上的大起大落、失去信念和控制，并跌入谷底。然而走过那段路后，我有了重新书写我的人生故事的能力。致命性的疾病会把病人和他们的家庭都击溃，他们要一起渡过这个灾难，从中康复过来。这个过程实在太艰难了。但是最后，它帮助我确定了我最核心的价值观，让我更有信心。它还让我的自我认同感变得更加坚实稳固，我不再以我的外表、青春、教育背景以及健康来定义我自己。所有这一切都源于这个故事里的"然而"。现在我向你推荐"必不可少的'然而'"来帮助你咀嚼和消化丧失经历，让它帮助你找到你还拥有什么，以及你下一步可以做些什么。

*　*　*

　　下面我列举了一些例子，这些例子可能不是每个人都会经历的，其中的信念也不是每个人都会有的。但你也可以看看在这些故事中，有没有一些零碎片段有你自己经历的影子。

流产和不孕不育

很多无法受孕或顺利产下婴儿的女性都会很明白被愧疚、羞耻和愤怒困扰的感觉。她们的内心无处安放，感觉人生就像是一场骗局。这样想的女性很有可能在她自己和别人身上制造了强烈的痛苦。没有人会否认，一个多次经历流产或不孕不育的女性的内心有着深深的悲伤，因为她们被剥夺了做母亲的机会。但如果很多年过去，她们依旧沉浸在这样的悲伤中，她们的伴侣可能会渐渐厌倦继续提供支持，亲朋好友可能会如履薄冰，避免宣布她们自己怀孕的消息。所有人，包括被困住的当事人，都会被笼罩在这个悲伤反应的阴影里，不知道该怎么办。

旧的信念或许包括：

- 我是一个不完整的人；
- 生活对我不公平；
- 没有人真的能理解我；
- 我的人生应该跟现在不一样。

必不可少的"然而"宣言

相反，她可以试试下面这个版本的故事。

- 作为女人，我会感到不完整，然而我正在尽力从根本上接受它。我不喜欢这个事实，但是我觉察到当我越执着于我应该得到什么，当我越与现实对抗时，我自己和我身边的人得到的就越少。

- 我希望我的人生可以不同，然而与其他跟我一样无法生育的人的相处和交流，让我发现了我以前不知道的那一部分人生。跟他们在一起让我感觉自己真实地活着，我被他们真正地看到和听到了。他们能理解我。

- 看到母亲和她们的宝宝，或者听说我的朋友要生宝宝时，我的心仍会被刺痛。然而我正在学习在我的内在滋养和保护这个未被满足的渴望，而不是把它扔出去，让那些我爱的人替我承担。

失去一个自杀身亡的孩子

任何一个经历过失去孩子的父母都会告诉你，这是无法想象的痛苦和折磨，世界上再也没有其他痛苦能与之相比了。有一对父母曾告诉我，这条荆棘满布的道路对于那些伤心欲绝的父母来说是"一个你永远都不想加入的俱乐部，然而一旦你加入就再也无法退出了"。

在人生会遇到的最严重的困境中，这是处于首位的。更糟糕的是，如果这对父母的孩子是自杀身亡的，那么这对父母会感受到的撕心裂肺的痛苦、羞愧难当和自我责备会强烈到像被浸入了一个超大桶的情绪蓄电池酸液里。那些不怀好意的询问、自我怀疑、在脑海里一遍遍重播每一个与孩子的对话，以及寻找任何有可能防止孩子自杀的线索，都只是问题的一部分。对一些父母来说，就算他们明白孩子不用再受苦，终于安息了，但是感到安慰本身也会让他们非常愧疚。他们想知道：在孩子死后，他们是否还可以再快乐起来？他们的孩子在世时也许在持续不断地遇到危机，而在另一边的父母感到无能为力却又被各种危机所带来的威胁绑架着。他们渴望孩子回到他们的身边，为孩子结束自己的生命而感到心碎。不仅如此，他们还不得不去面对的一个残酷事实是，他们周围的每一个人都会对他们进行（公开的或秘密的）审判——他们到底是一对怎样的父母？

一些父母会错误地相信，他们有能力让孩子想要活下去；假如他们给予孩子足够的关心、爱、鼓励、医生、诊断和心理咨询，那么孩子就不会走上绝路。如果他们无法从这套"控制的谬误"的信念系统中走出来，那么他们的余生将受尽折磨。学习新的技能和工具，学着忍耐、释放和接受他人的选择及他们自己对他人的无能为力，会让他们得到解脱。我见过这样的父母——他们被禁锢在了自身的恐惧和疑惑中，以至于完全无法看到那些依然活着的家人。他们活成了过去的自己的阴影，期盼着那些他们再也不能拥有的，却错过了他们依然拥有的。

必不可少的"然而"宣言

为了帮助她，我们做了所有能做的，但我们受抑郁和绝望折磨的女儿还是结束了她的生命。我永远也无法完全明白这是为什么。我的心和我的生活成了一地数不清的碎片。我每天都好想念她，然而我从我的信仰中（或者从我的亲朋好友那里）找到了力量，这是我从前完全想象不到的。我觉得自己被托住和被帮助了，我终于安下心来。我希望能再跟我的女儿在一起。在经历了这场可怕的噩梦后，我才知道原来爱可以用这样的方式存在于我们的心灵中。我希望同样的事情再也不会发生在其他父母身上，我也发掘了内在从未被看到的力量和韧性。我向其他父母伸出援手，这让我感觉人生很有意义——这是之前从未有过的意义。在过去的三天里，我都从床上爬了起来。也许明天我做不到，但我会告诉自己不要紧。

离婚

最后，让我们来看看一个结婚 27 年的妻子在经历离婚的打击后，是怎样把必不可少的"然而"这根线头编织进她的故事中的：

我的丈夫告诉我他不再爱我了，而且已经有一段时间了。他不仅提交了离婚申请，而且已经在约会网站注册了。我觉得心里太苦了，在我为他付出了这一切之后！我终于艰难地意识到，我为他和孩子们做得太多了，我从来没有好好地关心过自己。不知道为什么，过去我觉得他和孩子们应该会像我对待他们那样对待我。我对他们所有人都愤怒至极！我把自己全都奉献给了他们，然而现在的我一无所有。孩子们长大了，他们离家上学，并有了他们自己的婚姻。他们离我而去了！现在，我的丈夫也要离开我。他好大的胆子。我为他做了所有的一切。他太自私了。当离婚已成定局时，我照了照镜子里的自己，我满脸愤怒，一开始是对他，然后是对我自己。我在过去的 30 年里把自己给丢了，然而现在，终于，我开始试着寻找自己。也许这是我此生第一次这样做。这一切的发生我都没有同意过，然而我开始学习从一个新的视角来看待我自己并关照我自己。

一个失去了婚姻的人，被困在旧的信念系统中的风险是：他／她可能会携带着"如此可怜的我"与"他／她是个渣男／女"的信念进入下一段关系。这也难怪第二段或第三段婚姻有超过 70% 的失败率。除非这对新的伴侣都能真正承担起第一段婚姻的失败——审视他们双方都在关系中负有责任，并做出必要的改变，更新他们个人的内在关系模式——不然，新的关系仍旧难逃厄运。更糟糕的是，他们注定会把相同的内在关系模式传递给下一代。我认识的一位女性曾这样说："原谅他？你在开玩笑吗？我对他的仇恨和愤怒是支撑我熬过每一天的能量！"这真的会成为她留给孩子们的"遗产"，你不这么认为吗？

* * *

你看到了吗？如果一个人真的能够从真实的人生悲剧中走出来，并且在这个过程中掌握转化困境的力量，那么其信念与新的生活会互相适配。蝴蝶不会再像毛毛虫一样在地上爬行，更新过的信念也是如此。

> 提示：练习"必不可少的'然而'"可能会让你感到被拉扯、不舒服、很疼痛。但这就是成长。坚持下去！当你感觉自己在黑夜里漫无目的地漂流，不确定次日清晨会发生什么时，我已经看到了你的"双翅"正开始从你的"蝶蛹"中微微闪烁扇动。一切正在发生，你走在正确的道路上。

一旦你看清了生活的真相，一切都会变得更轻松。好吧，也不是，一切并不会变得更轻松。一个美好的人生并不是一个轻松的人生。美好又轻松的人生并不会让人变得勇敢。我喜欢跟这样的人在一起：他们有能力也有意愿影响他人，他们的灵魂有深度，能抵御外部世界的炮火轰炸，他们在被生活一遍遍地冲刷后变得愈发坚韧。他们之所以成为这样的人并不是因为他们有一个轻松的人生。要想成为这样的人，现在就拿出自己的经历，并赋予自己力量吧。我会在下一章继续构建我们的内在框架，帮助我们渡过苦难。

第 6 章　在生命中学习

"光明所见之处，必经燃烧之殇。"

—— 维克多·弗兰克尔
Victor Frankl

从丧失中创生意义

在 1940 年的奥地利，一位年轻的精神病学家正面临着一个改变人生的重大抉择。这位奥地利著名的神经与精神病学家刚结婚不久，正准备前往美国大展宏图，拓展他的科学实践之路。然而他却要做出一个令人心痛的选择：是要接受赴美的邀请，逃离即将到来的、席卷他的祖国的、来自纳粹的折磨和酷刑，还是要留下来跟他的家人一起去集中营。

他无法做出决定，于是试图寻求心灵的指引。后来，他决定跟随心灵给出的指示：留下来孝敬他的双亲。于是他跟他的父母、妻子一起成了纳粹集中营的囚犯。在奥斯维辛集中营和达豪集中营的三年中，他和他的家人们一起坠入了地狱。虽然他最后奇迹般地活了下来，但是他承受了他的爱妻、双亲和数百位同胞的死亡，维克多·弗兰克尔博士就这样成为那场大屠杀的幸存者。当他重获自由后，饱经沧桑的他坐下来，文思泉涌地写下了如今仍闻名于世的畅销书《活出生命的意义》（*Man's Search for Meaning*）。他只花了九天的时间便完成了这本书。下面是这本书的节选片段：

尽管外部环境的状况，如睡眠不足、食物短缺以及各种心理压力，可能会让在集中营里的人们以某种特定的方式来应对环境。但最终的调查表明，最后被囚禁的人变成什么样，源于其内在世界做出了怎样的决定，而非仅仅是集中营的外部环境塑造而成的结果。本质上，就算在这样残酷的外部环境中，任何人都可以在其心理层面和精神层面决定，他要成为一个怎样的人。

在书中，弗兰克尔根据他的经历，列举了五堂对他意义深远的课程。

1. 无论身处什么样的环境中，我们都不能失去选择以何种心态面对的能力。
2. 人生总是充满磨难。重要的是，我们如何应对磨难。
3. 目标的力量。
4. 我们真实的人格会在我们的行动中显现。

5. 也许我们会在最意想不到的地方看到人性的善良。

他的这本畅销书现已售出数千万册。之后他的工作备受推崇，他也为超过百万的读者和学生带来了安慰和指引。他面对逆境的勇气，鼓舞并拯救了许许多多从纳粹惩罚者的魔爪中逃出的同胞，还有超过数百位活在集中营残存的疯狂和折磨的阴影之下的受害者，接受了来自他的慰藉。

虽然弗兰克尔博士失去了他似乎应该拥有的圆满人生，但是他从中学到的东西不仅彻底改变了他的人生，也改变了千千万万过去的、现在的以及未来的生命。

每一个经历都是你的老师

向生命学习的意思是，你经历的丧失所教给你的东西，会凝结成一块块闪闪发亮的"金子"，现在让我们一起来把它们一一拾起。这些"金子"可能涉及不同的方面，例如：

- 你爱的某人是如何生活的；
- 你从这个人身上学到了什么（既有积极的部分也有消极的部分）；
- 在他们的生活中你能带走什么；

● 在你走过的黑暗之路上，你见证了什么。

很多人不会意识到，当失去某人或某物时，我们因此而感到的悲伤正在与我们对话。悲伤正在试着向我们传达很多重要的信息：一些消息和灵感，或者如果我们足够幸运的话，还有转化。在我们与他人相遇再分开的过程中，我们可以为自己收集"炼金术"。这个人的生命是在给我们一些警示，推动我们迈向下一步的人生。

如果你翻开本书是为了找寻丧失的意义，那么也许你还没有意识到，意义就藏在那些你最不想看见的地方。

或许你感觉自己还没有为本章做好准备。如果你选中了这本书，并且已经阅读到了现在，那么大概率地，你可能已经准备好迎接那些即将到来的变化了。假如你刚从一场葬礼上回来，或者刚离开离婚庭审——如果你的悲伤才刚刚开始，目前它还跟你紧紧"黏"在一起——我邀请你在第 2 章到第 5 章上再多花一些时间，充分地去体验你的悲伤。或者你现在就合上书，等你觉得自己准备好了的时候再打开。或者也许你现在就准备好了。每个人体验和处理悲伤的过程都是不一样的。我们

从中学到的东西也会逐渐在不同的时间点慢慢显现。

生命教会你的

现在，我们要围绕着丧失开始行动。是时候带上你的悲伤，并对你的悲伤做点什么了。让我们来试着看清你丧失背后的意义。具体的行动步骤如下。

步骤 1：你失去了谁或什么？

解答这个问题的目的是确定你丧失了什么。例如，你可能失去了一个人、一份工作、一只宠物，或者一段婚姻。

步骤 2：筛选这一事件、个人或关系的意义。

你可以为此写下什么样的注脚？让你最关注的是什么？让你记忆最深刻的是什么？这一系列事件中有没有高光时刻，或者这段关系里有没有低潮时刻，它们分别是什么？

步骤 3：你学到了什么？

如果你能够筛选出那个人生命中所有的高光和低潮时刻，把在他们的生命中你能切实学到的东西写下来。

你观察或见证了什么？你爱他们什么？他们的哪种状态或行为是你想要效仿的？你想在你自己的生命中做什么或不想做什么？

步骤 4：今天，我将要……

参考你在步骤 3 中获得的信息，为你自己写下可实施的行为或步骤。

这里有一个例子，我认识一位心地善良、性格温柔的母亲，她有 4 个女儿。而就在前不久，她自己的母亲因子宫癌晚期离世。她的母亲为整个家族奉献了一生，到头来却没能好好照顾自己。这意味着，她的母亲忽略了自己的身体发出的信号，当医生发现肿瘤时，她的生命只剩下几个月的时间。她的女儿这时候面临着即将失去母亲的痛苦，与此同时，她开始感觉到她的骨盆处出现疼痛和不适感。她母亲的生命和死亡对她和她的健康来说，就好像一通报警电话。母亲的生命让她学到的是：学会照顾自己。

在经历了丧失之后，对你来讲，有什么是你下一步可以行动起来的？

我从科林的生命中学到的东西

延续我在第 4 章讲过的我的个人经历，以下是我从失去我儿子的朋友、我视如已出的科林的生命那里学到的东西。本章的练习不同于第 4 章的练习。在第 4 章，我们更关注的是你在物理层面失去的人或物。第 4 章的练习会是本章练习的延续和拓展。对我来说，科林的姐姐和我儿子的其他朋友还在，他们点亮了我的生活。当我意识到这个的时候，我的脑海中闪过一个大标题：哇，我不知道原来直到这个人去世后，这些真相才被我看到。

第 1 课　生命可能很短暂

科林死的时候才 18 岁。这让我看清了一个真相：没有人会保证我们的明天一定会到来。没有人知道我们的生命何时会终结。因此，我们应该对此刻拥有的美好和财富心怀感激。这也同样适用于失去了一份工作、一段婚姻，或者一只宠物。我们失去某人或某物的瞬间，会让我们清晰地看到我们曾经拥有他 / 它，而他 / 它对我们如此重要。

第 2 课　关注当下

这是我给自己的一个邀请，我希望我能更多地活在此时此刻，更珍惜人和关系而不是事物，不要把那些没有永恒价值的东西放在优先的位置上。

第3课　在人们经历丧失的悲剧后，给他们一点空间

得知科林去世的几个小时后，我们在凌晨4点拨通了他父母的电话。对他们而言，这是一通多么可怕的电话啊！从早上9点到10点，他的姐姐、阿姨和叔叔来到我们家，取走了他的东西。我的丈夫、儿子和我坐在沙发上看着这一切发生。他昨晚洗澡后用来擦干身体的浴巾还湿漉漉地挂在毛巾架上。在短短的一个半小时内，所有科林在我家的痕迹都被抹去了。

科林一家想要紧紧抓住他们能找到的关于科林的一切。他们受到了重创，我百分之百地明白他们为什么要这样做。这是悲伤的反应。但当我回顾当时发生的一切时，我的感受是：我们也同样失去了科林，他们的做法无疑在我的儿子、我的丈夫以及我的丧失之外又加了一层新的震惊和创伤。我并不是要把他们的丧失拿走，或者说他们不应该这样做；我只是在分享我经历丧失的悲伤，以及我们从中得到的经验。如果换作是我，我可能也会做同样的事情，仅仅是为了紧紧地抓住他，再闻一闻他的味道。

有时候，在重大的丧失发生后，人们需要慢下脚步，不要在短时间内经历太多变动。关于悲伤的文献总是建议，不要在创伤性的丧失发生后的1年内做出重大决定。当人们经历丧失后，我们要保留一些空间给他们，允许他们慢慢找回自己的重

心，慢慢以自己的步调回到他们新的现实生活中。在未来，无论谁经历了丧失，无论是我自己、我的家人，还是我的来访者和朋友们，我想我都会更温柔、更有智慧地对待他们。

第 4 课　跟你爱的人一起活在当下，并赞颂你们彼此拥有的此时此刻

这句话我已经在这本书里说过很多次，因为它值得被不断提起。当一份工作或一只宠物离开我们时，我们便失去了尽情享受跟它在一起的机会。时光匆匆，不可再追。时间不像潮汐，起起落落，来来回回。时间一旦流逝，就不会再回头了。

有意识地去赞颂你与你爱的人在一起的时光，这是一个练习，但如今在我们异常忙碌、高效和任务重重的社会中，大家往往都忽略了这件事。我们都活在这样的假设里——如果我今天上午看见这个人，那么我今天晚上还能看见他。如果昨天我告诉他我爱他，那么我今天就没必要再说了。我从丧失中学到的一点就是，要去赞颂你与你爱的人在一起的时光，并且要让他们知道你心里的感受。

今天，我将要……

这是我学到的另一个部分，我会用科林去世的经历作为

案例。

我将张开双臂接纳一切来到我生命里的人和事。虽然我并没有请求科林搬过来和我们一起住，但是他的确在我大儿子离家上大学后填补了我内心的空缺。在我的生命中，我从没有期待过这个孩子。我们家没有一个人有这样的期待。我们只是顺其自然。我当时也完全没有意识到他是一个多么特别的小伙子。但自从他离世后，我便做了一个决定，如果之后还有像科林一样的人来到我的生命中，与我发展出一段特殊的关系，那么我会没有任何障碍或带有成见地接纳这段友谊或关系。我会允许一切自然地发生。我将会把这个人看作我的生命带给我的机会，让我的生命拥有更丰富的连接，让我更轻松地接纳来到我生命里的人。

永远不要错过一个拥抱。我喜欢身体接触，我喜欢把一个人抱在怀里的特殊感觉。自从第一次开始做这个练习，跟所有我爱的人拥抱就变得非常重要。现在，在跟我爱的人打招呼和告别时，我们会彼此拥抱在一起，我会在我的脑海中按下快门，仿佛这是我最后一次紧紧地跟他们相拥。我会在心中悄声许下一个愿望，希望他们也能完全懂得我们之间流动的这份爱和安全感。我会尽情享受那一刻，如果他们允许的话，我还会在那一刻多待上那么一会儿。我要去体验我们之间爱的交换，仿佛在我们的关系中有一根"爱的金绳"或一根"通电的电线"把我们连在一起，让爱显现。当他们出现在我面前时，我能感觉到他们有多么爱我。这种感觉并不常见，也不会在其他任何地方找到。因此现在，我再也不会错过任何一个机会来跟他们交换我的爱，即便只是那么一小会儿。

现在，为你自己回答以下问题。

- 我跟谁在一起？
- 我从中学到了什么？
- 今天，我将要……

你的丧失故事会为你在其中学到的东西提供线索。这些宝贵的"金子"将是你在处理丧失过程中的高光时刻——你如何理解它，如何对它进行反思，如何调整自己和他人的关系。这些想法、信念和观点应该指引你去向以下问题：有什么是我可以从中学到的？这是真实的吗？这样思考对我有帮助吗？我常将这形容为对发生的事情所产生的信念做一次详细调查，你得到的所有东西都是线索。在弄清楚你对生活的信念前，你也许不会想要做这个练习。如果你对后面的练习感到不确定的话，请回到第 4 章。

重要的不是丧失，而是如何面对丧失

我之所以知道丧失可以催化和推动成长，是因为有些人没有经历过重大的丧失、人生的破碎或创伤。而当他们没有这些经历的时候，他们反而会去找寻它们。正如我在第 4 章分享的那样，疼痛是有意义的。在克服困难之后，我们一定会对自我产生一种惊叹，我们又一次认识了自己，又一次突破了自己的极限。

例如，攀登高山对普通人来说很困难。所需的装备和对体能的要求，要在高海拔下竭尽全力，要应对极端天气状况和沿途遇到野生动物的风险，以及技术上的要求等——需要面临的考验太多了。然而当有人成功登顶时，你会从这些人脸上的光彩中联想到，这群人仿佛中了人生的乐透彩票。然而，他们的满足和成就感并不是轻而易举得来的——他们在狭窄的山路上忍受了狂风和尘土，在暴风雪里迷了路又重新找回方向，在陡峭有冰雪的山路上爬行，曾面对一头狮子，身上除了一根爬竿和锡罐撞击出的"砰砰"的响声之外再无其他保护措施。但他们依然为之心醉神迷，欣喜若狂。为什么？他们为面对挑战而出发，为了超越自己的极限，他们愿意迎接这个巨大的挑战。在寻求挑战的过程中，他们发现了这体验背后的"金子"。当他们在攀登中直面那些风险、危险和未知的挑战后，他们找到了新的自我。按照宇宙的法则，人类的自我认同感和幸福感与战胜挑战紧紧连在一起。这些对身体意志和心理耐受力的考验成就了我们。所以重要的不是丧失，而是我们如何面对丧失。我们内在"肌肉"的强度和韧性，反过来让我们感受到了内在自我的信心与力量。

丧失会成为一扇门，走过它，你就会成为你注定要成为的人。当你看到这一点时，你周围的能量也将会改变。这一转变不一定发生在丧失的那一秒，那时你不会去思考你会有怎样的个人成长，因为你已经被丧失摧毁了。但是，一旦时机成熟，带上你个人的丧失、失望、创伤与撼动内心的事件开始一段勇敢的旅程，深入挖掘这些经历中的宝藏，就是你阅读本书的意义所在。在丧失的彼岸，内在世界的满足、稳定和自信在等待着你。当你发展出高超的应对和管理困境的能力并有能力帮助他人时，你会觉得自己很了不起。

伤口清创手术

如果现在不花时间好好处理你的丧失，那么让你心碎的伤口会更加难以愈合。你需要与自己的丧失待在一起，跟随它流动，然后试着从受苦的体验中吸取教训。如果你不跳进这湍急的"溪流"，那么你会一直受困其中，就好像身体里永远都有一个伤口无法愈合。如果身体上的伤口或切口在闭合之前没有被清理干净，它们很可能会引发感染，让事情变得更糟。

我曾在一家医院工作，当病人受伤时，在用药和包扎之前，为了让伤口愈合，医护人员必须彻底清理伤口，这就是伤口清创手术。有时候，清创手术对病人来说是如此疼痛，以至于他们要打一些镇静剂来忍受这种疼痛。但是如果在伤口被彻底清理之前就缝合它，也就是在所有的外来物（如污垢和残留物）被清除之前就缝合伤口，伤口就必定会感染。为了确保伤口顺利地愈合和健康地恢复，预防后续问题，痛苦的伤口清创手术绝对是必要的。事实上，如果医护人员不对一个开放的伤口做清创手术，他们会被认为大意和失职。疼痛但必要，就跟你对丧失所做的工作一样。

当生活予以重击时，我们会被丧失所伤。如果这时候我们让伤口闭合，并继续前进，那么最终很有可能发生跟"伤口感染"一样的事情。如果我们经历的丧失、抑郁、愤怒无处可去，那么它们通常会去向内在的更深处。如果我们不给它们存在的空间，不让它们表达，不给它们释放的通道，它们就会从其他地方以其他的行为方式流泻出来。如果你用力压抑你的感觉，它就会出现在你不想看到的地方：严重的抑郁、无法起床、成瘾、愤怒困扰、过度消费、赌博、违背自己价值观的生活——任何一种行为都是我们内在已经溃烂的"伤口"。

成为那个你注定要成为的人

约翰·派博（John Piper）是一位来自明尼阿波利斯市的领袖人物，在经历了癌症后，他做了一次演讲。之后，他以演讲内容出版了一本小册子，题为《不要浪费你的癌症》（*Don't Waste Your Cancer*）。他演讲的主旨是，他称为"心灵的黑夜"的抗癌之旅其实是一个邀请，邀请你去一个不一样的地方，然后成长为一个不一样的人。你要允许自己被打破，因为这样你才有被重新构建和改造的可能。维克多·弗兰克尔也得出了同样的结论：受苦是一扇门，所有的丧失也是一扇门，让你通往接下来的人生。

在下一章，我们将把目光聚焦在经历丧失后，我们如何找到自己内心的声音。

第 7 章 『致亲爱的』信

"走出这里的唯一方法就是，从这里走过。"

—— 罗伯特·弗罗斯特
Robert Frost

"在这里写下你在忧虑什么，你在恐惧什么，你不愿说出口的是什么，把你的心打开吧。"

—— 纳塔莉·戈德堡
Natalie Goldberg

新婚夫妇希瑟和乔尔因找到了彼此而感到很幸运。在他们二十几岁时，他们为找到"对的人"而欢喜雀跃，他们结为夫妻，从此携手共度人生。更令人高兴的是，一年后，希瑟怀孕了。他们的梦想成真了！乔尔是一位年轻的癌症幸存者，他曾怀疑自己在经历过癌症治疗后，也许不可能再成为父亲了。的确有很多癌症幸存者都无法再生育。所以，这是一个多么大的奇迹啊！

在首次产检中，第一次看到宝宝让他们无比兴奋与喜悦。然而在两个月孕期时，喜悦变成了震惊，这不仅是因为他们发现希瑟怀了一对双胞胎，还因为两个宝宝都在希瑟的子宫里停止了心跳。乔尔和希瑟泣不成声。

几个月后，希瑟再度怀孕。对于这个新宝宝的安危，他们感到又喜悦又惶恐。当三个月的孕期过去后，他们为此而紧紧抱在一起庆祝。这一次，他们的宝宝顺利度过了头三个月的危险期。她安全了！这一切终于感觉像真的了，他们也终于允许自己再度燃起希望，准备迎接他们的宝贝女儿的诞生。他们给她取名为"斯凯拉"，并倒数着他们最终能抱着她的日子。

就在12月中旬，斯凯拉已经足月，希瑟却发现她没有那么活跃了。她告诉了乔尔，然后他们直奔医院。医生证实了他们最担心的事情——斯凯拉在希瑟的子宫里已经健康地长到了足月，但她也已经死亡。经过几个小时的分娩后，希瑟和乔尔悲痛欲绝地坐在那个他们原本想要带回家的小生命旁边。斯凯拉永远没能睁开双眼与她的父母相见。

一年后，希瑟和乔尔终于把一个新生儿带回了家，她是小艾莉亚娜（名字意为"上天知道答案"）。然而初为人父母的兴奋、喜悦与疼痛相互交织着，因为他们无法忘记他们曾经历过的丧失。希瑟参加了一个支持性团体，在其他父母的帮助下，处理失去前三个孩子的悲伤。她也给乔尔和小艾莉亚娜写信，以此来理解她的丧失。她在结婚周年纪念日给乔尔写了一封令人动容的信，信中写道：

今天，当我们回看婚礼的视频时……我不禁想起四年前的我们，当时的我们对未来会发生什么一无所知。对于我真实的脆弱，我们会面对的考验，我们会共同经历的丧失以及我们会渡过的苦难，我知之甚少。同样，当时的我也无法想象我们会经历怎样的成长。经历这一切后，我终于拥有了喜悦与平和，我终于知道深层的力量和安全感就在我曾握着的这只手中。我至少可以说，这是让人难以忘怀的四年。今天，任何语言都不足以表达我有多么感激自己成为你的妻子。我真的感到很荣幸。我爱你，乔尔·克拉克。纪念日快乐。

而在她的女儿斯凯拉的第二个生日时，她如此写道：

我不敢相信今天是你的第二个生日，我亲爱的斯凯拉。我的第一个诞生在这个世上的女儿。我好想你。

这是苦涩而甜蜜的一年，因为当我们把你的小妹妹接回家时，我们是那么喜悦；然而看着她一天天长大，我却不断地想到我们失去了多少和你在一起的时光，我们做过的所有关于你人生的梦。我永远也不会知道你是什么样的性格，有什么小怪癖，我从来没有看见过你的眼睛，从来没有听到过你的笑声。我会一直这样困惑下去并不断地问为什么。有点苦涩的是，这就是我们的故事。但是，我明白你教给了我们任何人都无法代替的东西。你的生命让我在生命中拥有了新的友谊，你影响了很多人的生活。我非常确定，你让我成为一个更好的妈妈。我爱你，我的宝贝女儿，永远想你。

为何我要写一封"致亲爱的"信

"致亲爱的"信是一个工具，让你能把自己的感受和体验转化为文字，进一步帮助你咀嚼和消化你的丧失，度过这段经历，最终能够继续前进。很多人面临着丧失某人或某物的绝望，常常感到自己无能为力，对现状失去控制。"致亲爱的"信是一个机会，让你找到自己内心的声音，重新站稳脚跟，成为生活的主人。

不久前，我读到一篇文章，讲的是在案件审理过程中，律师是如何被指导去说服陪审员的。这篇文章的观点之一是，人们会出于很多不同的原因而聘请一名律师。显然针对不同类型的案件，如刑事案件或民事案件，人们会聘请不同的律师来代表他们。但有一点是我原来不知道的，有时人们还会聘请那些他们明知道大概率不能帮他们打赢官司的律师，为的只是听到有人帮他们辩护。对于那些遭遇纠纷、诉讼或庭审的人来说，听到有人站在他们的立场发声是很有满足感的。有人能够代表他们讲述发生了什么，为他们说出感受和信念，并提供、阐述论据——尤其是他们对整个案件的观点——真是痛快极了。

写一封"致亲爱的"信也是同样的道理：这是一个机会，让你能够把那些真实的、围绕着悲伤还没能说出口的话都说出来。所有你希望自己能够说出口或应该说出口的话，都会找到出口，并被一一表达。尤其是你内心那些像沙砾般硌人的东西。

卸载你的想法并将其转化为文字，让你看清是什么藏在你的内心深处，由此，崭新的东西将开始涌现。

最重要的一点是，要知道这些信并不需要真的被寄出。事实上，把信寄出去会破坏整个处理丧失和悲伤的过程。一旦你开始给一个真实的人写信，如写好信后贴上邮票寄出，你写这封信的初衷就变了。因为你有了一位观众。你的脑海会开始发生对话，然后，你会想对方会想些什么，因此你会不由自主地开始编辑你的想法。所以不要去写一封会被寄出的信。我希望你不要在头脑中编辑信的内容，没有人会越过你的肩膀在一旁注视你。请不假思索地写下你想说的话，写下你不确定你想不想要别人看到的想法。这个练习是为你自己准备的，不是为其

他任何人。

"你还在，真好"：修复自我与他人的关系

我会在本章提供很多种类别的写作引导语。当你看到它们时，我希望有一个或几个引导语可以启发你思考。当你把想法写在纸上时，会有魔法出现。这些文字曾一直在你的脑海中游荡，现在它们有地方可去了。当然，如果你的脑海中还没有什么词语或短句，没关系，因为你的丧失一直埋在心里没有被表达过，但我打赌至少你会有些许感觉。它可能是一种很沉重的情绪，一种后悔的或往下沉的感觉。把它们写下来，开始慢慢理出头绪，就像把绕在一起的散乱的纱线重新卷回线轴上一样。你头脑中的沉重感、压在你肩膀上的强烈感觉、那一阵阵的胃痛和头痛……把这些体验都写下来吧。

只要你轻轻推它一把，那些有关于你的体验的文字就会变成剧院的领位员，把你带到属于你的座位上，然后你就可以坐好准备观看了。一开始，你可能会注意到一阵胃痛。把它写下来。一旦你意识到了它，这一阵胃痛就会立刻成为你的向导。然后你会接收到更多。也许你蜷缩成了一个球，你试图抱住自己，缓解疼痛；这可能来自于你的肩痛、头痛、胃痛或其他悲

伤的生理反应，把它们写下来。请允许自己被自己温柔地对待：泡一个温暖的澡，把双手放在胸口，让自己在这一天稍微感觉放松一点。当你意识到你的状态被丧失影响时，试着放过自己。写下你正在经历的体验（我胃很痛），会把你自己领到正确的座位上——对自己好一点。

这里，请允许我分享一个例子。例如，你正经历一段艰难的日子——一件诉讼案、失去了生意，或者一场灾难性的疾病——而你的朋友们都没有来关心你，他们都没有伸出援手，也不在你的身边，对此你感觉哪里"缺了一块"，非常悲伤或愤怒异常。你有这些感觉都是可以理解的。你原本希望朋友们会跟你靠得更近，但正好相反，他们消失了。而现在，你的鞋子里进了一块"小石子"，或者更大的什么东西，如一根"刺"——"他们为什么没有在我身边"？这时候，我喜欢把"致亲爱的"信叫作给"失踪人员"的信。写一封给"失踪人员"的信会让你更理解你在"朋友们都消失了"这一附加丧失中的沮丧。他们没有来关心你，这也许让你感觉自己受到了冷落。在你支持了他们，为他们付出以后，你或许会觉得他们没有回报你。你可能会质疑你们友谊的深度，你也许会想，你原以为你们的关系会比现在更亲近一点。当想到他们时，一种被侵犯的感觉可能会在你的心中升起。

当我们经历困境时，我们常常会认为周围的人理所应当跟我们一同分担。

我曾在第 4 章谈到，社群是一个保护性因素，在社群里，我们会彼此支持，一起欢庆或哀悼。当我们的社群成员没有全部出现时，我们的头脑就会用一种侵蚀性的方式来填补空缺。我们可能会迷失在对他人的负面想法的迷宫里，我们内心深处的伤口会让我们未来的幸福偏离轨道。很多时候人们并不会处理这些被侵犯的感觉，而是会选择在此后的生活中彻底切断与这些朋友的联系。因为没有处理这样的伤口的方法，他们会直接换挡到"断联"模式，而不是"我们来谈一谈"模式。这样做往往会导致他们无法发展出更丰富、更有深度的关系，因为他们的关系没有经历过时好时坏的波折起伏。他们会认为别人应该为他们做的事情都没有做，因此他们手里攒着长长的"罪人名单"，感觉生活特别苦涩。

透过多样的视角看问题

我们看待生命中的其他人都是从我们自己的视角出发的，而这些视角取决于我们自身的背景和经历。不会有人跟你有一模一样的视角。即使在同一个家庭中，人们也不会接受一模一样的养育方式，拥有完全相同的背景或经历。我们无法理解为何一个人在某些特定的情境下会做出那样的行为，只是因为那不是我们自己会做出的行为；而我们之所以会这样做又是基于我们自己的过去、我们所受到的家庭教育或其他种种因素。从别人的立场出发去看待同样的情境，会让我们意识到一个既简单又深刻的道理：别人从来没有接受过我所接受过的教育。意识到这一点会让你的内心顿时生出力量。

当人们的行为方式让我大吃一惊或令我困惑时，我会带着好奇心去询问为什么他们会这样做。我认为这是我的荣幸。我甚至还有个更大的疑问：在发生了这一切之后，他们为什么还不做得更多一点？事实上，这些事的发生并不令人惊讶，只要你了解了他们的出身、他们是什么样的人以及他们拥有怎样的经历后。

在一件创伤事件发生后，你或许会失去一段很好的友谊；然而，只要再多一些关心、理解和处理，你就能重获这段珍贵的友谊。我认识的一个家庭近来遇到了一个难关——他们已经成年的女儿要从家里搬去一个心理治疗机构住上一年半。这个家庭内部有很深的问题，而女儿的挣扎只能在家里之外的地方得以解决，在那里她可以得到自己需要的支持。正当他们的女儿离开之际，一些特别要好的朋友跟这对夫妇失去了联系。在女儿走后的前九个月里，没有人过问他们的状况。这对夫妇对此感到非常吃惊，他们感觉受到了冒犯。这些老朋友并不知道他们的生活发生了什么，他们也没有打电话来或打听打听小道消息。当这对夫妇打听到更多消息时，他们才得知他们的朋友也在同一时间失去了家人，没有多余的精力去关心自己家庭之外的任何人了。这则简单的消息完全扭转了这段友谊的发展动态。突然间，他们的心门敞开了，他们了解了对方的情况，并重归于好。这是一个简单而直接的案例，但有时我们并没有那么幸运可以找到那些被错过的信息，因此你必须自己去努力。

"致亲爱的"信引导语

当我经历离婚时

☐ 亲爱的前任　　　　　　☐ 亲爱的孩子

☐ 亲爱的法官　　　　　　☐ 亲爱的家人

☐ 亲爱的已婚朋友　　　　☐ 给背叛我的伴侣

灾难性的疾病

☐ 亲爱的疾病　　　　　　☐ 亲爱的我的身体

☐ 亲爱的健康人　　　　　☐ 亲爱的家人

当我爱的人意外死亡时

☐ 亲爱的旁观者或第一个回　☐ 亲爱的死亡
　应者
　　　　　　　　　　　　☐ 亲爱的我爱的人

给我经历丧失时不在我身边的朋友的信

- ☐ 亲爱的"失踪人员"
- ☐ 亲爱的所有在我身边的人

当我爱的人死于自杀或服药过度时

- ☐ 亲爱的我爱的人
- ☐ 亲爱的自杀
- ☐ 亲爱的黑暗
- ☐ 亲爱的成瘾
- ☐ 亲爱的过度服药
- ☐ 亲爱的其他父母

当我爱的人死于暴力时

- ☐ 给施暴者
- ☐ 给法律系统
- ☐ 给警官

当我的孩子死亡时

- ☐ 亲爱的孩子
- ☐ 亲爱的其他父母

☐ 亲爱的家人

当我对我失去的那个人感到愤怒时

☐ 亲爱的我爱的人

当我爱的人因病死亡时

☐ 亲爱的癌症　　　　　　　☐ 亲爱的帮助了我的人

☐ 亲爱的医疗系统或医生　　☐ 亲爱的疾病

当我爱的人死后，我对某人感到特别愤怒时

☐ 亲爱的家人　　　　　　　☐ 亲爱的医疗系统

☐ 亲爱的朋友

在一段漫长的看护后我失去了某个我爱的人

☐ 亲爱的生命   ☐ 亲爱的我爱的人

☐ 亲爱的正常人

第一步

写下你失去了什么。我在第 4 章提到了一份丧失清单。如果你需要，你可以去查看那份清单。

- 我失去的、想念的、希望拥有的、感觉像或觉察到的是……
- 我曾有过的期待以及为何我感到失望。
- 对那个没有在我身边的人，我有什么样的感受？

这些句子可以让你一点点深入了解发生了什么。

另一种书写的方式是使用以下引导语。

- 我感觉……
- 我害怕……
- 我曾希望……

◎ **我曾期待……**

这些引导语可以照亮你受伤的地方、你的判断以及你原本希望发生的事情。通过把它们在纸上摊开来看，你的内在会开始放松，并摆脱那些苦涩又沉重的情绪以及局限性的信念。

亲爱的 ＿＿＿＿＿＿＿＿＿：

＿＿＿＿＿＿＿＿＿＿＿＿＿＿＿＿＿＿＿＿＿＿＿＿＿＿＿

＿＿＿＿＿＿＿＿＿＿＿＿＿＿＿＿＿＿＿＿＿＿＿＿＿＿＿

＿＿＿＿＿＿＿＿＿＿＿＿＿＿＿＿＿＿＿＿＿＿＿＿＿＿＿

＿＿＿＿＿＿＿＿＿＿＿＿＿＿＿＿＿＿＿＿＿＿＿＿＿＿＿

＿＿＿＿＿＿＿＿＿（你的名字）

第二步

如果你希望修复关系，那么下一步是：清楚你要做什么并开始制定你的目标。如果你发现你的目标是维系或重拾这段友谊，那么你可以做个决定，你想要以怎样的面貌出现在这段关系里。

另外，如果你的目标是表达你的愤怒和失望，并让这些情绪被朋友们听见——就像你为自己聘请的律师在法庭上的发言被众人听见一样——那么请把它们写在纸上。很多时候，你会发现，愤怒是组成你悲伤的一部分，而这些愤怒被你放错了位置，投射给了别人。这是一个很重要的信息。当然，你的确经历了丧失，而他们没有如你所想地出现。但是，接纳你的愤怒也并不是他们的责任。你可能有不那么合理的愤怒，误会了你的一个老友。也许你需要退后一步，进行一些自我反思，如你本来希望他们对你做些什么，而不是一味地把沮丧发泄到他们头上。

安妮·拉莫特（Anne Lamott）在她的小说《变调少女心》（*Crooked Little Heart*）中写道："期待是一种等待发生的怨恨。"对他人应该做什么或如何对待你怀有期待，往往是你需要反观自己内心的信号。如果你因为某人没有露面而沮丧，或者感觉"他们应该知道"，那么你可以把这些感受和想法列一份清单，把你认为别人应该做什么写下来，然后为自己做这些事。这样，也许你会开始以一种全新的方式与自己做朋友。

书写"致亲爱的"信可能带来的另一个结果是，你会意识到这段友谊揭示了你朋友的行为模式，他们不仅这一次没有在你身边，其他时候也没有在你身边。意识到这一点，可能会让你想要放开这段友谊。"致亲爱的"信可以帮你清理你对友谊的期待和希望，让你能够知道如何前进。

一封给你自己的信

这里我加了一部分，叫"亲爱的悲伤者"。你可以给自己写一封信。无论你是否会选择与他人进行对话，这都是一个机会，把你希望从他们那里听到的话写下来。那个你想对话的人也许并没有能力对你说出你想要听到的话。你能为你自己做吗？例如，我练就了给我自己当"父母"和"朋友"的本领。多年来，如果我觉察到我希望一位朋友或父母为我做什么，我就会让我自己为自己做这件事，这样我就再也不会被那些"应该"为我做这件事的人控制了。当我放开对别人应该为我做什么的期待（以及怨恨）时，我就为自己负起了责任，也把自己从许多伤心中解放了出来。我能做到，你也可以做到。

以下是写作引导语，试用一下吧。请写一封信，说出你想从别人口中听到的所有话，就像这样：

亲爱的我:

　　我知道这是一段艰难的时光,你经历了太多。我很抱歉在你很需要我的时候,我没有在你身边。我为今天从磨难中走出来的你感到无比自豪,我想让你知道,你真的很棒。

真诚的,
你的力量与勇气

亲爱的 ＿＿＿＿＿＿＿ :

　　＿＿＿＿＿＿＿＿＿＿＿＿＿＿＿＿＿＿＿＿＿＿

　　＿＿＿＿＿＿＿＿＿＿＿＿＿＿＿＿＿＿＿＿＿＿

　　＿＿＿＿＿＿＿＿＿＿＿＿＿＿＿＿＿＿＿＿＿＿

＿＿＿＿＿＿＿＿＿（你的名字）

一封给你的"那个他"的信

一封"致亲爱的悲伤者"的信也可以写给你信任的朋友们，让他们知道你需要什么，你想要什么，并且询问他们是否愿意帮助你、照顾你。你不会相信这个方法在我想要和需要别人关心我时是多么有效，尤其是跟我的丈夫。

大多数伴侣都希望让他们的爱人快乐，但他们并不总是能知道怎么做。相信我，没有人会读心术。达林和我的关系已经达到了这样的状态：在我需要什么的时候（在一起待一会儿、一个拥抱、听我说说话、外出用餐），我可以快速给他写个纸条或发个信息，他通常都会回家准备好满足我的需要。这些信息给他提供了如何帮助我的明确指示和步骤。这是一个双赢的方法，也是一张让他读懂他妻子的路线图，他再也不用在猜测我的世界里迷路，目睹我的沮丧，拼命地揣度我的心思。

反过来，他也会让我看到他的需要，于是我便能够出现并让这个我生命中最重要的人感觉好起来。通过这样做，我们的关系成功了。这不正是我们每个人都渴望的吗？

接下来，请写一封信给你生命中最亲近的人，试着向他争取你想要的东西。

亲爱的 "我的人":

　　我好难过，请给我一个拥抱。我还需要今晚或周末跟朋友去看场电影。你也可以在我低落的时候给我一些鼓励。下周末你愿意来陪我吗？我也能从我的信仰中找到更多希望。另外，我要吃冰淇淋！

　　　　　　　　　　　　　　　　　　真诚的，

　　　　　　　　　　　　　　你的 "那个他"（我）

亲爱的 ＿＿＿＿＿＿＿ ：

＿＿＿＿＿＿＿＿＿＿＿＿＿＿＿＿＿＿＿＿＿＿＿

＿＿＿＿＿＿＿＿＿＿＿＿＿＿＿＿＿＿＿＿＿＿＿

＿＿＿＿＿＿＿＿＿＿＿＿＿＿＿＿＿＿＿＿＿＿＿

＿＿＿＿＿＿＿＿＿＿＿＿＿＿＿＿＿＿＿＿＿＿＿

　　　　　　　　　　　　＿＿＿＿＿＿＿（你的名字）

＊　＊　＊

　　"致亲爱的" 的信可以在你与自己和他人的关系中带来真

正的亲密感。当你变得很脆弱，并让其他人知道你的感受时，你就在允许自己的内心被他们看到和听到。通过这些重要而艰难的对话，你们很有可能会建立一段温暖的关系，在这段关系里你们可以深刻地联结在一起，感到安全而满足。

要不要利用这个机会，由你来决定。在下一章，我们将开始编写一个全新的故事。但在这之前，你需要弄清楚自己的感受和需求，处理好你的悲伤，确认和理解你从丧失中学到了什么。伤口必须要被彻底清理干净。我希望你需要多少封信，就写多少封信。如果你是第一次阅读本书，你也许会意识到很多你从前并没有意识到的事。你可能需要在本章花一些时间来写下各种各样的信。在你开始下一章的阅读之前，我鼓励你这样做。

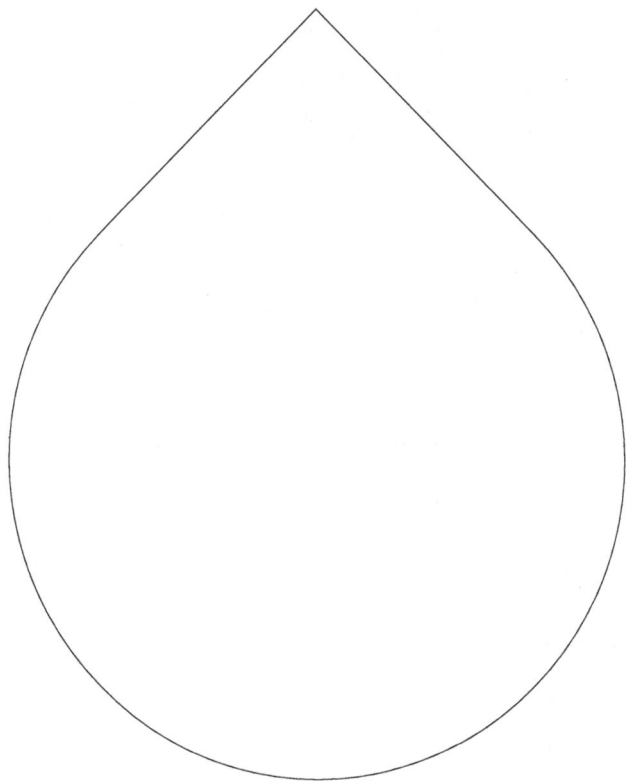

"悲伤把过去的我们转化成了现在的我们。它矫正我们的内心，改写我们的灵魂。走出悲伤的我们，将不再是原来的我们。"

—— 凯西·帕克
Kathy Parker

桑迪胡克信托基金

发生在桑迪胡克小学的枪击案，过去曾是美国中小学发生的最惨烈的大规模枪击案。

我唯一能确认的一点是，没有人会比那些在枪击案中失去自己的孩子的父母更痛苦的了。我们已经在预防同样的事情再发生在别的父母身上，我们在纪念我的小丹尼尔。我们已经在预防校园枪击、自杀和所有的暴力。我们在帮助减少校园霸凌行为。因此，不会再有父母跟我们有同样的感受了，也不会再有父母像我们当时那样，除了随时把孩子的照片带在身上，别无他法。

以上这段文字来自桑迪胡克小学遇难者之一的父母马克·巴顿（Mark Barden）和他的妻子杰姬·巴顿（Jackie Barden）。这对夫妇在枪击案发生后承受了难以置信的重大丧失，并由此发起了全国性的反枪支暴力运动。他们的组织名为"桑迪胡克信托基金"。他们的儿子丹尼尔（Daniel）是 2012 年美国康涅狄格州纽敦镇的大规模枪击案的遇难者之一。在这场灾难中，有 12 名 6~7 岁的儿童和 6 名成年工作人员遇难。

在他们的基层组织活动中，马克和杰姬召集了数百万人参与进来，共同努力针对儿童的暴力行为进行预防教育。他们还发起了科研项目，成立了全国性的热线电话。他们还开发了一个手机应用程序，对那些被同学或老师认为有潜在被枪击风险的学生发出安全警报信号。他们还在美国的法律系统内发起了一项改革，通过他们的"志愿者保护计划"来保护在校期间的孩子，同时也为那些被作为施暴目标的学校做好应对的准备。当我写这本书时，马克和他的团队已经向超过 1200 万的活动参与者传播了他们的教育计划，发出了超过 8000 万条返校和公共服务安全公告。

在 2010 年，当他们的儿子只有 4 岁时，他们还是个普普通通的家庭。在那个可怕的事件发生后，他们成了这个文化运动中的领袖，不得不去应对和处理暴力带来的伤害。他们由此写下了一个全新的故事，不仅是为他们自己和其他桑迪胡克的家庭，也是为政府官员、执法机构、群众、其余的幸存者、媒体以及千千万万的民众。在桑迪胡克大规模枪击案发生后的数年内，美国超过 12 个州的立法机关针对某些类型的枪支提高了背景审查要求。一些州也通过了"红旗法案"，即执法机构有权没收对他人或对自己具有危险性的私人武器。

巴顿一家经历了称为"创伤后成长"的过程，即人们在经受了巨大的厄运和丧失之后，其心智上正向积极的转变。尽管马克·巴顿和杰姬·巴顿永远不会希望有这样的人生，但是生命给他们带来的最糟糕的事情彻底改变了他们。现在我希望你来想一想，你的新故事会是什么呢？

书写新的篇章

在丧失发生后，我们便开始了新故事的编写，这项工作将对你格外重要。当你开始认识到丧失所带来的收获、领悟和新生活时，把这些部分都收集并记录下来也是很重要的，因为其中有很多信息正等着你去接收。我希望你在阅读本章的过程中，可以体验到心理层面的韧性和修复力。

这里有一些书写新的篇章的方式。你可以跟随这一系列问题和引导语来思考你的下一步，理解你从丧失中学到了什么。

在经历过丧失后，你是否在人生的某些方面改变了方向？

- 你是否改变了你工作的关注点并使之与你的努力奋斗更加协调一致了？
- 你是否在经历磨难后对人生有了新的视角？
- 你是否会更关注那些与你有同样经历的人？
- 你是否会有兴趣为其他像你一样的人或家庭提供资源？
- 关于你所经历的丧失这一领域，你有兴趣做研究吗？
- 关于如何去帮助受丧失影响的人，你是否有了一些创造性的想法，如写一本书、拍一部电影、写一首歌，或者开始经商？

从长远来看，你会如何为自己生命中的丧失赋予意义？

一些人发现，跟与他们共同渡过丧失的人保持联系会让丧失的意义一直延续下去。另一些人则允许他们的丧失被转化为其生活中的新变化的燃料。还有一些人觉得，为所爱的人完成一些他们希望完成但未能完成的事情，对他们来说很有意义。我还听说，有些人认为改变未来很重要，这样别人就不需要去承受他们承受过的痛苦了——有可能是设立奖学金或基金会，或者进行立法改革。

如今，你有了哪些不同？

- 到今天为止，你有哪些变化？
- 你对事物的洞察力是否有所提升？
- 你是否会花时间以不同的方式思考？
- 你是否做出了什么特别的改变？
- 你是否有了新的目标？
- 对于你面临的挑战，你是否进行过重要的对话或做出了新的决定或承诺？

在丧失过后，你的生命中是否有什么好事发生？也许你正在过一种你曾经不想要的生活？

- 你有没有生活下去的新能量？
- 你有没有为自己发现任何"下一步"？

- 你有没有做出什么必要的改变？

- 你有没有以任何新的方式来为自己负责，并接受自己
  的责任（注意：这可能对你自己或身边的人有改变人
  生的影响）？

- 你有没有找到一种新的方式来发出自己的声音？

- 你有没有解锁任何新的长处、爱好或娱乐方式，而你
  过去都不知道自己拥有这些或可以享受其中？

**你有没有从悲伤中得到什么领悟？或者，在悲伤的过程中你是
否发现了自己的天赋或有所收获？如果有的话，是什么？**

- 你有没有觉得自己成了一个更强大的人？

- 有没有人请教你或寻求你的帮助？

- 你有没有过这样的丧失经历：一旦你失去了某人或某
  物，你会马上切断与那些不那么重要的事物的连接，
  这帮助你把注意力放在更有价值的事物上？

- 你与他人的关系有变得更好吗？

- 你身边的人有没有更多地感觉到你对他们的爱和
  珍惜？

你发掘了自己的哪些特质让你的心理变得更有韧性了？

这里有一些例子。

- 你有了自己从未发现过的勇气。
- 你在艰难的日子里向一个社群寻求依靠，它支撑你渡过了难关。
- 你对自己的信仰有了更深刻的洞察和体验。
- 你以一种前所未有的方式进行锻炼或身体运动。
- 你使用新的方法进行写作、画画或自我表达。

你的丧失如何影响了你衡量事物的优先级别？

或许你经历的这段艰难的时光，促使你重新评估很多事情的价值，如你住在什么地方、你的外表、你跟谁在一起、你做什么样的工作，或者你的父母怎么样。也许你的丧失让你能去审视自己如何衡量事物的优先级别，然后你会发现什么是重要的，什么是没那么重要的。

现在对你来讲什么是最重要的？

在这里写下一些句子，如你想要什么样的生活，你想把自己的关注点放在生活中的哪些方面？

你从此次的丧失中学到了什么？如果有的话，在如何与你关心的人相爱和保持亲密方面，你学到了什么？

例如，你是不是更愿意花时间跟某些人待在一起了？你有没有更有意识地把注意力放在你关心的人身上？

此次的丧失是否让你对一些人或事有了更深的爱和感激？

你有没有更珍惜你的宠物？你有没有更珍惜你的孩子们或你生活中新到来的爱？你有没有对你的邻居们有更多的爱和感激？

此次丧失让你对人生有了怎样的新的展望？

例如，如果你战胜了一个创伤性的、致命性的疾病，那么是否只是走路、说话、呼吸这些小事就已经让你很兴奋？如果你修复了经历背叛之后的婚姻关系，那么你和伴侣是否发现你们的亲密关系有了新的深度，你们都更加享受了？

现在你有什么目标？你是否感觉到一个很强烈的欲望，想在你的生命中做一些特别的事情？

有时，当人们经历了巨大的悲剧后，他们会感觉自己更强大了，更愿意接受人生新的挑战。我听说有一个人的母亲在临终前列了一份"遗愿清单"，为了纪念母亲，她对自己承诺要在母亲去世后，替母亲完成这份清单。

如果你已经不再悲伤，你还能做些什么？

你可以做以下事情。

- 当我完成了我的悲伤之旅，或者当事情不再那么沉重时，我看到了自己去旅行的画面。
- 我看到了我把自己的经历拍成了一部电影。
- 我可以重返校园。
- 我可以去给别人做指导。

完成这个句子："尽管我很难过，我仍然可以＿＿＿＿＿＿＿。"

即便我们身处黑暗，但有时我们还是可以从悲伤中抽离出来，就像手风琴的弹奏过程那样。

> **尽管我很难过，我仍然可以照料我的花园。**
>
> 尽管我每天都在哭泣，我仍然可以拥抱我的孩子。
>
> 尽管我很生气，我仍然可以去抚摸我的狗。
>
> 尽管我被震惊了，我仍然可以跟我的邻居打招呼。
>
> 尽管我觉得难以置信，我仍然可以花一点时间来为其他被我的丧失影响的人祈祷。

有时候，知道不是只有我们一个人在经历悲伤、丧失、伤心和怀疑也是有帮助的。

你可以开启你的自我疗愈之旅了吗？

我们总会在行动之前先"想"，哪怕只是短短的一秒钟。在真的做一件事情前，我们会看见我们的头脑中正在做此事的画面。你现在可以看见自己正在做什么吗？这对你有没有帮助？是睡个午觉、安静地散步、进行一次对话、写信，还是做一次美容？当你想到自我疗愈的时候，你的脑海中会跳出什么？

你能够允许自己感觉不错吗？哪怕只是一小会儿。

有时候，人们在渡过了悲伤并开始感觉好起来时，会很有愧疚感。他们会想，如果他们向前走了，接受了过去发生的事，或者接受了新的挑战，是否就意味着他们不再爱或思念那个逝去的人了。进行自我疗愈没有错，而且你依然会在心里爱并思念着那个人，这二者可以共存。

请完成这个句子："接下来，我想做的事是＿＿＿＿＿＿＿＿。"

当你问自己这个问题时，我想要你在问完之后安静下来，聆听你的内在智慧默默给出的答案。这是一个让自己和那个"内在的你"协调同频的方法，而也许你从不知道这个"内在的你"的存在。如果你的答案是"去睡个午觉、去看望一个朋友，或者去帮助其他家人"，请相信你的直觉。同样，你的内在智慧会悄悄地说："下一件我想做的事情是重新回到学校，这样我才能帮助其他人。"如果是这样的话，那么你的内在智慧的光芒正在指引着你。同样的事也曾发生在我身上。

当我想象未来时，我想＿＿＿＿＿＿＿＿＿＿＿＿＿＿。

同样，允许你的心去完成这个句子。你可能会有以下答案。

- "当我想象未来时，我想我将会很难过，但我仍然可以找到前进的勇气。"
- "当我想象未来时，我想我爱的人会想要我去做这件事。"
- "当我想象未来时，我想我或许还有第二次机会。"
- "当我想象未来时，我想我需要去找能支持我的人谈一谈。"

你的变化是什么？

跟这个问题静静地待一会儿。在前面的内容中，我们已经对你的改变有所探索：你已经修改了你头脑中的一些规则，发展出了一些信念，学到了一些东西，有了一些感受。这所有的一切都在潜移默化地改变着你。现在，是时候来好好地看一看你都有哪些变化了。

我听过的一个答案是："我的变化是，我不再把任何事看作理所当然。生命苦短，没有人可以保证明天会发生什么。因此，我会把今天当作生命中的最后一天来度过。"如果这也是发生在你身上的变化，你从来没有如此安住于当下，专注于此时此刻，那么请把这个变化写下来。又或者，如果你现在还存在对人生的怀疑和恐惧，如果你仍对自身的存在和安定保有疑问，那么我想要你也把它们都写下来。例如，"我的变化是，我现在感觉很挫败，我不知道要做什么。"这也是一个很好的信息。

现在，你对什么心存感恩？

这个问题可以帮助你检视自己对什么人或事心存感恩。你可能会觉得你没有什么要感恩的。我明白，就算是这样，我也想邀请你来尝试一下这个练习。"现在，我对＿＿＿＿＿心存感恩。"我使用"现在"一词是为了增加迫切性。大多数人都很难不被这个词影响。我不仅心存感恩，而且此时此刻我就心存感恩，我感恩于我的觉悟、我的写作能力、我所居住的房子、我仍然拥有的家庭，还有我的工作。请说出三件你此时此刻就很感恩的事情。

你的下一步是什么？

如果在之前的引导语中，你写道："我感觉不再相信生活了。我感觉很挫败、很沮丧。我看不到任何人生的意义。"那么，你的下一步可能会是"……所以我想跟人谈一谈"或"我想要得到安慰，因此我将会……"。之后你可以填写具体的事情。"我将去看望一个我信赖的人。我会去看精神科医生、心理治疗师，或者一个我最好的朋友。"

对另一些人而言，这可能是所有东西都聚集到一起的时候。你开始往后看。从你的经历中，你学到了一些东西，做了一些改变，处理了一些感受，有了一些体验。那么接下来会发生什么呢？如果你不确定那会是什么，请允许我问你一个**奇迹式问句**（Miracle question）："你理想的世界是什么样的？如果你现在入睡，第二天醒来时世界就变成了你想要的样子，那会是什么样的？请把那个图景画出来。"

- 你会如何度过时光？例如，如果你在帮助别人渡过你所经历过的同样的丧失或悲伤，你会怎么做？
- 你会跟谁在一起？如果你有了最好、最有力量的关系，那么你是怎么做到的？
- 你拥有了你梦想的工作。那是什么？你是怎么得到它的？
- 你住在哪里？住在那里让你感觉怎么样？

这里，你会更深一步地了解你的梦想，你希望自己的生活是什么样的，你又是如何获得那样的生活的。现在，为了去到那个梦想之地，你可以迈出怎样的一步或两步？这是经历创伤后成长的一个重要环节。

领悟时间

现在请为你自己完成以下引导语。

- 丧失对你的人生方向有着怎样的影响？
- 从长远来看，你想象此次丧失会对你的人生有怎样的意义？
- 你现在有什么不一样？
- 丧失过后有没有什么有益的事情发生？
- 你有没有在悲伤的体验中，得到了任何领悟、收获，或者天赋？如果有的话，是什么？
- 你发觉自己的哪些特质有助于你发展自己的心理韧性？
- 丧失如何影响了你衡量事情的优先顺序？
- 目前对你来说最重要的是什么？
- 丧失教会了你什么，如果有的话，在如何与你关心的人相爱和保持亲密方面，你学到了什么？

- 此次丧失有没有加深你对任何人或事的爱和感激？

- 此次丧失给你的人生带来了怎样的新的展望？

- 你现在有没有什么目标？

- 假如你不再感到悲伤，你可以做些什么？

- "即使我很难过，我仍然可以_____。"

- 你可以开启你的自我疗愈之旅吗？

- 你能够允许自己感觉不错吗，哪怕只是一小会儿？

- "接下来，我想做的事是_____。"

- "当我想象未来时，我想_____。"

- 你的变化是什么？

- 现在，你对什么心存感恩？

- 你的下一步是什么？

把所有都集结在一起——创造一篇个人宣言

回答以上问题是第一步，接下来你要开始付诸行动了。我们来谈谈如何付诸行动。

现在，请把你在每一章收获的宝藏集结在一起，并写下你的个人宣言。这是一个让你看到自己的故事"弧线"的机会。

- 我的故事里发生了……
- 我的感觉是……
- 我的体验是……
- 我的新的信念是……
- 我的必不可少的"然而"宣言是……
- 我会跟过去不一样的地方是……
- 我此刻想做的是……

　　你的回答应该写满一至两页，你也可以随着你的变化更新你的答案。你的故事要一直写下去，就像一本游记或日记那样。生活并不容易，当你面临新的丧失时，你也许会一遍又一遍地回到这些问题。回答这些问题的过程，也许会让你在负面情绪中生出一些正面情绪或慰藉。请有意识地做这个练习，有可能你一开始会感觉很糟糕，但是当完成这个练习后你会感觉好一些，因为这些问题可以让你的故事更清楚地被听到和被看到。你不仅会感觉好一些，还可以为接下来寻找意义做准备。

重生

　　当我回望走过的路时，我意识到，是丧失让我成了心理治疗师、作家和领袖。我并不喜欢发生的这一切，然而这一切让我成为现在的自己。我给我的丧失赋予了意义，它让我看到了我接下来的人生。丧失发生之时便是我的人生开始集结之时。

悲伤带给了我怎样的益处？我开设了自己的心理治疗诊所，创建了悲伤休养院，写下了这本书；这些是我的悲伤之旅的最后几站。在这漫长的处理悲伤的过程中，我终于有能力用我的经历去帮助他人了。你也许会发现，悲伤带给你的益处一开始可能并不明显。本章的内容应该会帮助你把它们都挖掘出来，并集结在一起。我不能说这一步会在什么时候完成，可能不是今天，你也许还需要做不止一次的练习。你也可能需要不断地回顾它们。你如何回答这些问题由你悲伤的过程如何发展而定。

维克多·弗兰克尔在《活出生命的意义》一书中谈道了"是寻找一个快乐的人生还是一个有意义的人生"。这两者无法兼得。

快乐的人生通常无法同时是有意义的人生，而有意义的人生往往也不产生快乐，但确实会产生大量的满足感。

他在集中营里所做的工作以及随后作为一位幸存者所做的

意义深远的工作，是如此有力量，以至于重塑了他的余生。本章的所有问题都是为弗兰克尔准备的，即使这些问题没有一个是他想要的。我深信，你此刻的人生与你正在经历的也并不是你想要的生活，所有桑迪胡克小学的父母亦是如此。弗兰克尔本不想完成这任何一项工作，但这也把他引向了人生最辉煌的事业和最崇高的使命。

我的每一件成就都始于失去。为人父母让我失去了没有孩子的生活，失去了自由和时间。我失去了我的第一段婚姻，之后我才经历了另一段美好的婚姻。开启我助人自助的事业要追溯到我 30 岁那年失去健康。被老板解雇让我看清了我想成为怎样的人。所有这些都在告诉我，生活正在为我准备着什么。或者是在告诉我，是时候使用我的天赋了。现在的丧失正在推动着你，去寻找人生的意义。悲伤是变化的主人。丧失不会毁灭你，只会让你重生。

在最后一章，我将告诉你，从一个更长远的角度来看，我们还可以如何处理丧失并在人生的道路上继续前行。

第 9 章 在丧失后心怀敬畏地生活

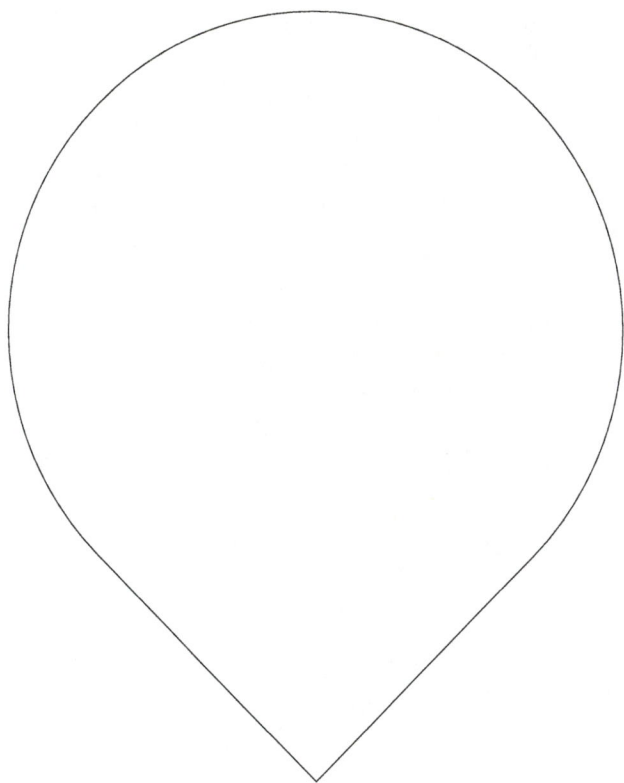

"谷仓燃尽, 我便可望月。"

——水田正秀
Mizuta Masahide

转化：创伤后成长

　　我的朋友凯拉在她只有 24 岁时就被确诊了乳腺癌。她从一次次折磨人的癌症治疗和放射治疗、双乳切除手术，以及大量的服药中幸存下来。如今，她还要面对终身的康复历程。在她 30 岁时，她仍在接受化疗，她的身体和生活都被疾病颠覆了。她说，即便经历了这一切，她依然对生活感到兴致勃勃，并从工作中找到了深深的满足感。她几乎尽情地享受和品味每一天，她还活着的每一天。她出品了一部关于年轻癌症患者的史诗级纪录片。这部纪录片在哈佛医学院放映，目前也可以在亚马逊网站上点播。我很好奇，她是怎么做到的？就像桑迪胡克枪击案发生后的巴顿夫妇那样，她也同样经历了创伤后成长。

当我们走过所有悲伤的历程，竭尽全力地面对这一切后，我们内在的转化就此发生。

我们为"转化"而生，但我们往往并不知道"转化"意味着什么，或者"转化"的过程是什么样的。再加上，我们的文化如此忙碌地强调产出和效率的价值，以至于这些都成了我们活着的重重压力。到头来，我们总会退回到已知的世界中，即使那对我们生命的发展而言并不利。

本章提供了一些框架，让你在认识和理解悲伤和丧失的这条路上继续前进。这里有一些具体的微型练习，让你处于处理悲伤的状态中，并有助于缓解你的疼痛。我总感觉，会有足够的光照亮我们的人生要进入的下一段旅程。当超越那些常常伴随着早期丧失的剧烈悲伤时，你被困住是不令人感到意外的，因为你不知道接下来可以做些什么。以下清单是一个向导，让你开始反思，并看到下一站的光亮。如果你想有意识地汲取丧失带给你的养分，那么悲伤也可以成为一件好事。清单里提出了很多种方法。我提供了自我照顾的引导语，为你留出开放的空间，之后就由你自己来填写下一步和你今后人生的可能性吧。

最好的方式是，先把清单通读一遍，然后挑选一项你最有感觉的、看起来最易操作的，或者散发着最正面的能量的。

心怀敬畏地生活——微型悲伤清单

- 我会向我的家人、朋友、长辈或同事寻求慰藉和陪伴，但也允许我自己退回到只有我的世界里，给自己独处的时间。
- 我会主动向那些我通常不会向其寻求帮助的人求助。
- 我会在社会团体、工作或学校中交新朋友，或者我会在网上寻找跟我有类似丧失经历的人。我会把这些提供支持的资源做成一个列表，当经历挣扎和痛苦的时候，我可以向列表中的资源求助。
- 即便没有动力，我还是会让自己跟别人待在一起，做一些事，这样我就能够停止自我孤立。我允许自己告诉人们我有多么深爱、欣赏和关心他们。
- 我会跟别人拥抱，但当我不想有身体接触的时候，我也能自然地告知他们。

- 我学会了在公共场合允许自己悲伤和哀悼。
- 我会把我的故事分享给那些我觉得会欣赏并有所收获的人。
- 我会对我信赖的人讲述已故者的故事，即使他们没什么可说的。
- 我会做出也接受随机的善举。
- 我会与动物和大自然连接，如已故的宠物、美丽的落日、自然的小径，或者一个花园。
- 我会关心和滋养他人。例如，我会花时间关心我的爱人或孩子们。
- 我在我的信仰中得到了慰藉。我参与与文化相关的活动或种族哀悼仪式。
- 我会向这些团体寻求帮助：有组织的丧亡团体、临终关怀机构、悲伤休养院、谈话性团体，或者针对亲友亡故的团体（如死于癌症或自杀、故意杀人等暴力）。
- 我会向心理健康专家求助。例如，我会去做心理咨询，或者按医嘱服药。
- 我会阅读这样的书籍：有着应对丧失爱人经历的人的著作，或者跟我有同样故事线的人写的书。
- 我会对这些想法和感受进行反思：让我无法在身体和

情绪上自我照顾的想法或感受，如内疚感、羞耻感、迷失自我的感觉或失去活下去的意志。

- 我会为自己安排好日常生活的日程。如果我的生活发生了变化，我会安排新的日程，当我不"完美"时，我不会责备自己。

- 我会保持个人卫生，维护自己的心理状态，摄入营养健康的食物，保持规律的睡眠。

- 我会通过健身、瑜伽、太极或各种艺术表达形式与自己的身体建立连接，给自己时间变得更加强壮。

- 我承认我的大脑需要时间被治愈和进步，因此当我犯错、分神、记不住或听不懂时，我会原谅我自己。

- 我会避免过度饮酒、吸烟、使用娱乐性药物，或者把咖啡因当作我解决问题的"方法"。

- 我会停止回避，学会投入真实的生活中去面对我的恐惧。我会参与有意义的和让我感到充实的活动，如工作、爱好、做手工艺、唱歌或跳舞。

- 我允许自己追求和感受正面的情绪，如对自己和他人的同情心、感激、爱、喜悦、敬畏与希望。

- 我会承认和标记我的感受，把它们看作"信息"或"不需要回避的东西"。我会接受和应对这些情绪，我明白我越少对抗它们，我就越有能力处理它们。

- 我会用这样的方法来调节我强烈的负面情绪：缓慢而平顺地呼吸、发表应对问题的自我宣言，或者其他情绪调节技巧。
- 我允许自己有时间哭泣和用语言表达我情绪上的痛苦。
- 我会把悲伤的感觉和其他感觉（如害怕、不确定、内疚、羞耻以及愤怒）区分开。
- 我会通过文字或说话的方式来向支持我的人表达困难的感受。
- 我会写日记、进行反思性写作、写信或写诗，或者使用其他艺术表达形式（如剪贴画、舞蹈或音乐）。
- 我会投身于表达感激之情的活动，告诉人们我多么感激他们的爱和支持，提醒我自己应该要感恩的事情，同时对已故之人保持一份感激。
- 我给自己构建了一个舒服、安全的空间，无论是在物理层面还是在想象层面。
- 我会与已故之人保持连接，并且因为我承认我在现实中失去了他们，所以我和他们有了一种新的连接。
- 我会去参加那些帮助我走出我的丧失故事的团体（如离婚互助团体）。

- 我会对这些想法和感受进行反思：让我无法与已故之人建立和维持稳定的连接的想法和感受（如害怕别人会如何看待我、内疚、羞耻、屈辱）、愤怒或报复的想法，或者沉迷于悲伤无法自拔。
- 我会参与这些活动：参观庄严的或有纪念意义的地点、庆祝特殊事件，以及参与烛光守夜活动、公开的纪念活动或纪念仪式。
- 我会用文字、图片、物品来纪念已故之人，或者带着敬意为他们创造一个小小的空间，让我可以随时来到这个空间怀念他们。
- 我会思考自己从已故之人那里获得了什么样的遗产，以及我还有什么任务要完成。
- 我会投身于对我自己或已故之人很重要的事业或社会行动。
- 我会通过这些行为来留下我的遗产：种一棵树、发起一个奖学金项目、以已故之人的名义做慈善、开设博客，或者发起新的家庭或社区活动。
- 我允许自己与已故之人对话，并允许自己倾听他们。
- 我会写信给我爱的人，并向其寻求建议。
- 我会寻求原谅，分享欢乐和悲伤，并构思一个告别信息。

- 我接受悲伤是正常的，并且我学会了与我的悲伤待在一起。
- 我学会了选择在什么样的时间和空间来涵容我的悲伤。但是，我也明白强烈的悲伤会没有预期且毫无预兆地涌上心头，我也找到了此类情况的应对策略。
- 我会运用画面、分享故事以及我爱的人们的照片，或者有目的地用一些提示，如特定的音乐或惯例，来帮助我想起积极的记忆。
- 我会好好珍惜和保护我所拥有的、特别的、有意义的物品（东西、宠物等）。
- 我会主动追忆，把我们的关系放在我的内心深处。
- 我会伸出手去帮助和支持那些因为失去所爱之人而感到悲伤的人。帮助他人是一种重新投入生活的方法，有助于减少我的孤独感，以及对社会接触的退缩和回避。
- 我会对那些助长了我的恐惧和回避，以及"我不能够，也不应该感到快乐""事情永远都不可能会好起来的"等信念的想法进行审视。
- 我会短暂地休息，也会允许自己多休息，因为我知道走出悲伤需要时间和耐心，没有捷径可言。

- 我会识别出那些容易触发我的情绪或带给我淹没感的记忆。我也会在我与让我感觉到压力或淹没感的人、地方或事物之间设立自我保护的边界。

- 我学会了对不合理的要求说"不"。

- 我会识别出那些我因为害怕自己的悲伤反应而回避的活动、地方或事物。我会缓慢地让自己重新认识它们，或者允许自己挑选出那些永远都不想接触的东西。

- 在我的故事里，就算我不是"斗士"，我也开始把自己看作"幸存者"，而不再是"受害者"。

- 我会提醒自己要记得自己的力量，以及自己曾经度过的所有艰辛的时光。

- 我会把应对事物和情绪的方法写下来，贴在我的冰箱、手机或电脑上。当我感到挣扎时，我会看到这些方法，它们会给我提示，让我恢复心理韧性。

- 我会列一个关于如何应对艰难时光的计划。

- 当事情发展到最艰难的阶段时，我会预测及识别潜在的"过热点"。我每天都会给自己的表现打分。我会问自己还可以做些什么让事情变好，让我的分数提高。

- 我致力于让"美好的一天"的数量多过"糟糕的一天"

的数量。

- 我会避免让自己有"事情只能这样了"的想法，我意识到无论生活多么糟糕，我都是有选择权的。
- 我渐渐承认，情绪上的痛苦是一种让我与所爱之人保持连接的方式，我也会问自己有没有其他没那么痛苦的连接方式。
- 当过去的负面记忆让我感觉被淹没时，我避免自己进入"从现实的时间中溜走"的状态。
- 通过重新把我的关注点放在周围的环境上，我让自己"与大地连接"，让自己活在当下。
- 我改变了自己跟自己的对话，我告诉自己"我很安全"以及"会过去的"。
- 我通过放慢我的呼吸来控制我的躯体反应。
- 我乐于看到人们的脸孔、听到他们的声音以及感受到人与人之间的肢体接触，我还会向朋友求救。
- 我向着对未来的展望前进，并且感觉自己更加强大了。
- 我会对那些阻碍我前进的错误的想法和感受进行反思，如"如果我的状态好起来就是对死者的不敬""我把他／她抛弃了，如果我有快乐的感觉就代表他／她对我不再重要""我对他／她的爱已消逝"。

- 我又重拾了对未来的希望。我在有意义的短期、中期和长期目标中重建了人生的使命感。
- 我创造了值得一过的人生，未来把握在我的手中。
- 我致力于重获我的自我认同感，我知道我的生活虽然变了，但我还是我。
- 我只专注于今天什么事情是最重要的。
- 我确定了与我的价值观相符的新目标和行动计划。
- 通过让关于已故者的回忆一直活在人们心里，我创造了意义。
- 我让他人也对死亡的情形有所认识，只有这样我们才有可能受益于丧失带来的积极结果。
- 我把自己的悲伤和情绪痛苦转化为有意义的行动，创造出"美好而有用"的东西，如"妈妈们反对酒后驾驶"组织和梅丽莎研究所的"暴力防治"组织。
- 我使用我对人生和我爱的人的信念来带给我慰藉，推动我前进，如"我爱的人会继续影响这个世界上的生命""我爱的人现在很安全，不再受苦""未来有一天我们会重聚"。

微型悲伤的每日练习

除非我们积极地投身于悲伤的体验，否则悲伤无法对我们产生有益的作用。微型悲伤的每日练习意味着：每天规律地做清单上的一件或多件事情，来减轻悲伤情绪的堆积，就像安全阀门一样。这是我们好转的起点。在一个安全的环境中进行每日练习或有规律的练习，可以防止悲伤的情绪变得越来越令人窒息。当你感到痛苦或因悲伤处于很负面的状态时，请使用清单上的任何一项来帮助自己。这个练习不是一劳永逸的，我希望你能够把这个清单上的练习带进生活，最终找到一种规律的、全新的生活方式。

以丧失为师

在我的人生中，我面对了一些可怕的事情。我曾因医生的误诊而差点失去生命，我曾住进世界上最恐怖医院的 ICU 病房。我经历了一系列重大手术，包括把我从死亡线上拉回来的急救手术，这些手术给我留下了难以磨灭的创伤。我曾目睹同一病房的病友在我的身边去世，而她病得还没有我严重。如果经历了这一切后我依然活着，那一定是有原因的。因此，我想把我经历过的人生分享出来，帮助其他人。

我以丧失为师，从它那里学到我需要学习的东西。即使我一次次地被生活的海浪扑倒，我也从中学会了如何再次爬起来，一次又一次地把自己修好，活下去。我本以为磨难会让我失去勇气和信念，但在这个过程中，我的心灵得以成长，并变得更加强大。我开始茁壮成长。我有了极大的坚韧的力量去忍受困顿。我明白了什么是苦难（作为一个中年的白人女性能知道的所有苦难）。苦难成为我的同伴和老师。关于我自己和这个世界，关于我的家庭、我的信念、我的优先选择、我的价值观，我学到了太多。在经历了这一切之后，我意识到其他人也会经历类似的丧失、心碎、心理或生理层面的功能紊乱，而没有有效的应对方法。所以，我想做点什么。

前进道路上的一点光亮

在我经历过的很多至暗时刻中，没有一个比我更有经验的人在我身边指引我，这是我生命中的缺憾。在我和我的丈夫的心灵经历诸多考验之时，我们不知道有没有人跟我们一样。因此，当我渡过了苦难，抵达了对岸时，我想要成为那个给别人提供帮助和引导的人。为了此刻阅读到这里的你。我的使命是成为能够给其他人提供帮助和支持的资源，曾经的我没能遇到，但我希望你能够遇到。我想尽我所能，成为你们前进道路上的一点光亮。

通过一些外展服务，我启动了一些基层社群的项目。一开始我与癌症患者通过写信的方式交流，后来我开始在一些聚会场合发表演说，我会去医院看望这些癌症患者，并与他们的家人保持联系，尤其是那些年轻的幸存者和患者。我发起了"生命器官移植之家的礼物"这一项目，为那些被推到医疗界"后巷"的孤立的心肺病人提供重获治疗的机会和支持。我在社群里非常活跃，因为我决心让人们获得我从前没有得到过的支持。我的书被传播到了全世界各地。而我感觉这一切是我之所以被上天赐予第二次生命的全部意义。

我开始在喝咖啡的时候跟人会谈。我解答他们的问题，鼓励他们渡过难关，帮助他们在迎接生活的挑战时保持信心，有所收获。"嘿，下次你去跟人喝咖啡的时候，为什么不直接刷信用卡呢？"我的丈夫有一天这样说道。"你太常在喝咖啡的时候跟人谈话了，我看这都快成你的职业了，"他打趣道，"而且，你不是在跟人谈话，就是在创建项目、组织会议、设计内容。"

最终，我的社群外展服务和努力引导我重回校园。我拿到了我的硕士学位，成了个人执业的心理治疗师。在我度过了最艰难和最糟糕的人生阶段后，从事心理治疗是一个自然的结果，因为我的经历推动着我去帮助其他人。而且，重要的不是那段苦难的日子结束了，而是我从苦难中一步步走出来的过程。我的工作特别针对那些经历了重大生活事件，但不知道如何应对的人：经历创伤性疾病或爱人意外死亡的人群。在处理那些很严重的事情时，我也比较游刃有余，如谋杀、自杀、创伤性的丧失以及拥有复杂故事线的脱轨人生。让我又悲又喜的是：人类深刻的丧失和悲伤对我来讲就像回家一样。如果说我经历的是巨大的悲剧，那么这出悲剧上也刻下了我的名字。

我所学到的是，悲伤和丧失是成就伟大的路径，是激活天赋的路径。我意识到，所有我过去的悲伤和丧失都在我的心灵中开拓出了更大的空间，帮助我和他人度过最黑暗的日子。而且，它把我引向了今天我所从事的工作。如今，我在全美国的各个平台上与成千上万的人一起工作。这条路持续地照亮着我的人生。过去的我曾一败涂地，但如今我幸福的婚姻和美好的生活会为我繁重的工作提供养分。时至今日，是我的工作和付出教会了我如何成为一名心理治疗师，这是任何研究所、培训项目或博士学位都无法做到的。

是时候使用你的天赋了

你的天赋是非常宝贵的。你是一只毛毛虫，你以为的末日来临不过是进入了一个茧。你不会死，你会化茧成蝶。毛毛虫的死亡会转化为蝴蝶的重生。我希望本书能在你探寻走出悲伤的旅程中给予你支持，让你看清活在这个世界上的使命和人生下一步的方向。

接下来的治愈之路会因人而异。也许你会对线上课程或修养院感兴趣。也许你想把这本书带去给你的心理治疗师，也许你希望让你的一位家人读一读。无论你做什么，我都希望你在人生的旅程中获得力量、启示和疗愈。

《在彼岸》

辛迪·芬奇

如果我终将离去，黑夜终将降临，
生命会在缓慢悠长中继续延绵。

如果阴云总会密布，心儿总会破碎，
时间会在你我之间不断生长。

然后我会知道，我只变化了一点点，
便飞上了高空。

彼岸有我等候的上天，

在那条我曾被引领过的道路。

我会歌唱，我会舞蹈，我会终日玩耍，

然后，故事会流传进我的耳朵里。

来自曾经先我而去的人们，

来自此刻迎面而来的人们，

这神秘之地的流言与热望，

在我的脑海中翻涌。

我经年渴望见到的我的家园，

我终于来到她的面前。

歌唱吧，欢乐吧，四处走走，促膝长谈。

让我来解开谜题，

重获我已知的珍宝。

我心花怒放，他光芒万丈，

我的爱人在这一刻现身。

我的双脚踩入了他的草坪，我的车轮踏入了他的土地。

我和我的英雄一齐高歌欢笑，

我向他的尊贵致以最诚挚的问候。

我们已化蝶双飞，将他的草坪置于脚下。

漫长和甜蜜，我都将一饮而尽。

告别我的旧日，迎接我的新生。

我知道，在彼岸漫步的每一天我都在成长，

从腐朽的我，走向青春的我。

我知道，我一直在等待这一刻，我如此渴望这一刻。

当你的脚步与我的彼岸又一次相遇，

我们的双手重新紧紧相握。

我要跳跃，我要奔跑，我要追逐到底，

我要吻遍你的全身，从你的头顶到你的脚趾！

我会把你环抱，拥你入怀，带你去那彼岸之上。

我会轻咬你的鼻子和耳朵，
仿佛它们是一块蛋糕！

我的天堂从此延伸至更远处，
当你，跟随我来到这彼岸。

当舞蹈、大笑、甜蜜的慰藉，
把我们全然地驶向"我们"，

我们要促膝长谈，谈遍你我来时路的甜蜜。
天堂赐予我们这段对话。

我会告诉你，那于他膝上的时光。
我会向你倾诉，你的脸庞、你的生命。

我们的爱如红酒般，馥郁芳香，
而我的渴望热烈，来自彼岸。

我的船长，他如何使我的发丝柔顺如蚕丝，

　　他如何轻抚我的面容。

他的双手，他的爱，也将柔顺你，

　　当我们相拥在一起时。

来伴我到黎明破晓吧，至日头高照吧，

　　就算生活多么艰辛刻薄。

我已化茧成蝶，飞上高空，

　　当我在那个海滩问候你之时。

我的亲吻，我的拥抱会等待着你，

　　直至永远。

到那时，

　　我将与你相遇在彼岸。

——2006

丧失清单

丧失类型	附带丧失
	安全感和可预测性
	陪伴
	在同一屋檐下为人父母
	经济稳定性
离婚	社会地位
	前任的家人和朋友
	共享的事务和传统
	家庭旅行
	在共同监护权之下与孩子相处的时光

（续）

丧失类型	附带丧失
离婚	共享的历史和回忆 最好的朋友 曾经一起去过的特别的地方 共枕同眠／安慰和亲密感 自信心 对他人和生活的信任 对家庭的掌控感
离职或失业	财务保障 自我认同感和价值感 日常行程 社会地位 意义感 安全感 人性本善的信仰（当被放弃时） 与同事的关系

（续）

丧失类型	附带丧失
离职或失业	自信心
	未来的计划 / 退休
宠物丧生	陪伴
	友谊
	日常安慰
	玩伴
	家庭成员
	另一个"孩子"
	出门和散步的理由
	动力
失去健康 / 健康遭遇挑战	身份
	能量
	自由
	青春
	独立

（续）

丧失类型	附带丧失
失去健康/健康遭遇挑战	简单的小事
	可预期的未来
	结构
	某种生活方式
	活动性
	确定性
	体能歧视
被配偶背叛	对"你的人"的信任
	对"了解情况"的感觉
	安全感
	结构和可预测性
	朋友和家人
	内心的平和
	对爱和婚姻的信任和信仰
	第一段婚姻的完整性

（续）

丧失类型	附带丧失
大流行病和全球性事件	健康
	所爱之人
	安全的住所
	他人的面孔和微笑（社群）
	工作、商业、生计
	重要事件和庆典（婚礼、毕业等）
	日常惯例
	工作中和学校里的友谊
	安全
	控制
	心理健康

致　谢

　　我认为向那些在我写这本书的过程中帮助过我（如坚持让我写这本书）的人表达感谢是非常重要的。首先，我要感谢我的丈夫达林。在我写书的过程中，我没有办法找到合适的语言来形容你给我的协助、支持、鼓励和反馈对我有多么重要。当我坐在电脑前，你会给我端来一盘食物，帮我构思更大的主题概念，当我为本书中记录的故事感到心碎时，你会抱着我给我安慰。感谢你让我想起多年前的那个我。这些年我既是你的伴侣也是一个病人，感谢你对我无微不至的呵护。感谢你同意跟我一起进入我的困境，又一次次把我们拉到彼此身边。

　　感谢你们，我的孩子们——乔丹、扎克和布兰登。你们三个给我打气，启发我的灵感，陪我散步。这都是作为一个妈妈从前没有过的梦想。我是多么感激和自豪能够成为你们的妈妈。

我也想对洛丽 - 琼·格拉斯说句感谢。你在九月的那个午后在"The Glass House"见了我,我们那时在墙上贴满了巨大的便利贴。感谢你为这本书起了书名,同时感谢你跟我一起做思维导图。如果没有你,我不可能有勇气直面完整的悲伤主题。你向我发起挑战,并对我说:"让悲伤化为对你有益的东西,辛迪,可以吗?"我会继续尝试下去的。感谢你鼓励我发起我的第一次以"从黑暗到光明"为题的悲伤工作坊,在构想阶段你一直陪在我的身边。

感谢芬奇家族的其他家人,感谢你们在漫长的午后照看我们的狗贝拉,让我的写作时光拥有平和与安宁。当我真的很需要专注的时候,它那甜蜜又滑稽的一幕幕在你们的家中更受欢迎。也感谢你们对我写作的鼓励,不仅是这本书,还有我所有被你们剪下保存起来的文章和我们在电话里聊的那些文章。作家都需要一些躲在角落里,但愿意骄傲地把他们的作品贴在冰箱门上的评论者。感谢你们为我感到骄傲。

感谢我的来访者和同事们。关于悲伤、丧失、心理韧性和复原力、在灰烬中重生,以及在心灵的黑夜里前行的知识,你们教会了我太多。感谢你们。你们承受的痛苦常常让我哑口无言。我很荣幸你们能够允许我陪你们走这段路。

同样，我也要感谢我克鲁格家族那边的家人们。你们在我承受失去家人的痛苦时陪我散步、聊天。我很感激你们的善意和支持。我的癌症突然间冒了出来，而你们以各种各样的方式支持了我们和孩子们。妈妈，感谢你这些年来的照顾。凯伦，特别感谢你帮我回顾了我波涛汹涌的过去并开始这本书的写作，我感谢你专业且充满爱意的眼光。金和克里斯，我爱你们。

感谢罗彻斯特市社区，在我们需要之时把我们接到了你的羽翼之下给予庇护。感谢玛丽和其他每一个人在我们没有家人陪伴的时候，给我们提供的美味食物、有爱的唱诵和让人倍感踏实的关怀。

邻居、祖父母、家人、朋友、甚至其他癌症病友，你们都帮助了我们。你们围绕着我们所编奏出的助人乐曲是我得以完成这本书的最主要的原因。感谢所有的你们在那样困难的日子里"保护了"我们。

护士玛吉，你在心脏护理科里抱着我，教会了我一个简单的哈哈大笑是多么重要。你还在我出院回家后打电话问候我：谢谢你。你是我的榜样，我会用你照顾我的方式去照顾我的病人们。

　　感谢我的婆婆克里斯。你每个周末都来看望我们，为了帮助我们，你还跟我们住在一起九个月！感谢我的父母，感谢你们在我罹患癌症期间对我和我的小家庭不知疲倦的照顾。

　　在我的心里，还有一些人——他们已经不在这世上——他们的死亡教会了我如何谈论丧失，如何与丧失共处。这些丧失时而微小，时而重大。但所有的丧失都在不断推动着我向前。你们教给我的东西，我又如何感激得尽呢？你们知道吗？基思、杰克、达德、科林、萨拉、凡妮莎、凯、金、塞拉、爱玛、米娅和瑞克，感谢你们的喝彩。李和莎伦，继续干，我们与你们同在。

　　最后，我知道我的路还很长，感谢我的癌症和所有黑暗的事情。你知道我永远不想选择它们，但也永远不想改变它们。"谷仓燃尽，我便可望月。"

　　附言：艾米，你找到你的心理治疗师了吗？我希望没有任何事情发生！诺米和我都很感谢你。

版权声明